本书由江苏高校优势学科建设
工程资助项目 PAPD 支持出版

张力理论及文艺批评

艾秀梅 著

Theory and Criticism on Tension

南京大学出版社

目　录

前　言

“张力”这个术语本身就是极富张力的。

原本，这只是一个典型的物理学术语，指力的一种。当一个物体被拉伸的时候，这个物体的截面上就会存在大小相等但方向相反的两个拉力，被称为张力。抻长一根橡皮筋，手指能明显地感觉到有一种与抻的动作相反的，要把皮筋缩回去的反作用力。细雨落在铁丝上，又因地球引力的作用缓缓脱离铁丝垂落，离开铁丝的时候，水分子的表面张力使劲抵抗地球引力，从而使水收缩为一个体积最小的圆滴。在这些生活现象中，我们都看到张力的存在。在当下这个充满风险和机遇的时代，张力也是当代人一种突出的生存体验。但凡一个事物涉及不同的领域、包含异质因素、交织着多方利益，总是会呈现为一个张力性态势。宏观政治经济领域的国际关系如此，微观生活层面的婆媳矛盾和职场风波也是如此。现代人频繁地经验到一种互相依赖又互相抵触、互相靠近又互相逃离的张力关系。

纸笔或图像塑造的映像世界更是如此。

20世纪以来，张力被引入文学艺术领域，逐渐成为一个不可忽视的文艺学概念。它的出现通常没有很大的声响，但总是时隐时现，回响不绝，显示出它绵远的概念生命力。

第一章　张力理论梳理

第一节　造型艺术中的张力问题

一、康定斯基谈艺术张力

在造型艺术领域里，谈论张力概念比较多的是鲁道夫·阿恩海姆。阿恩海姆是完形心理学美学的代表人物，在艺术知觉研究方面堪称大家，他对艺术的动觉有颇多富有启发的见解，有关张力的话题就主要在这些篇章中得到阐述。但关注图像中的张力因素，艺术家似乎比美学家更早些。20 世纪初，抽象表现主义画家瓦西里·康定斯基（1866—1944）[①]就在他关于绘画形式的一些笔记、论文中阐述了张力问题。

与人们熟知的莱辛的观点不同，康定斯基不同意把绘画看作

---

① 瓦西里·康定斯基（Wassily Kandinsky），1866 年出生于莫斯科一个商人家庭，自幼受到良好的艺术教育，在绘画、诗歌、大提琴等多方面显示出优秀禀赋。康定斯基曾在莫斯科大学获得社会科学和法律学的学位，但他 30 岁后去德国慕尼黑美术学院学习，开始成为专业画家，并在抽象表现主义绘画方面成为一代宗师。康定斯基曾经组建“蓝骑士社”，也是一位重要的艺术理论家。康定斯基 1944 年逝世于法国巴黎。

空间艺术,以与音乐、诗歌等所谓时间艺术相区别的观点,他认为这种划分毫无内在根据。相反地,他也使用时间观念来阐述绘画的形式手段:“化繁就简,强调一点:点是时间的最简短形式。”[①]或许我们可以结合康定斯基的“内在需要”说来理解这一点。康定斯基艺术理论的一个核心特点就是对艺术表现性的倡导。在《论艺术的精神》这部代表性作品中,他提出:如果说艺术家捍卫了美,那么美就只能以内在的伟大的需要来衡量。凡是由内在需要产生并来源于灵魂的东西就是美的。[②] 康定斯基认为抽象绘画的灵魂就是内在因素,也即感情。而情感、内在需要、心灵等领域同时也就是一种时间性的存在,从这个意义上说,以表现内在为旨归的绘画必然也是一种时间艺术。

在绘画中,一切内在性的声音都是借助可见的形式获得表达的,故此形式因素就成为绘画研究的重要抓手。康定斯基谈到张力问题主要就是在对造型艺术形式因素的阐发中。他详细地分析了点、线、面等艺术元素中内在的力。例如静态的点具有向心力,当点的尺寸变化的时候,这种向心力也可能发生改变。当点移动的时候,向心力涣散。当点受到某种外驱力而往某一方向移动时,就产生了绘画的第二元素:线。点、线、颜色都具有张力,这里的张力就是艺术元素所具有的一种力量。例如红色,康定斯基认为比起黄、蓝更富有自持力,比起黑、白,更充满内在热情和张力。再如线条,对角线比起横线和竖线更加具有内在张力。有时候他甚至用声音来描述艺术元素的力量:锐角的声音尖刻而活跃,直角的声音冷静而克制,钝角的声音迟钝而消极。总之,艺术的形式因素都具有一定的张力性质。

---

① 康定斯基:《点线面》,余敏玲译,重庆大学出版社 2011 年版,第 26 页。

② 裔萼编著:《康定斯基论艺》,人民美术出版社 2002 年版,第 33 页。

康定斯基本人的艺术创作也充分地挖掘了各种艺术要素的张力潜能。例如点，康定斯基有不少作品使用了点画的创作手法。早期的油画作品《马上情侣》(1906—1907 年)即运用此种方式，在方正的画面上，不仅树叶是点状的，情侣拥抱的手臂、衣服的摆幅、马的身体也都由点构成。远景中波光粼粼的河水、次第延伸的房屋亦如是，整幅画面显得绚烂斑斓。此类作品将点的审美效果发挥到了极致。在比《马上情侣》稍微晚一些创作的《蓝山》(1908—1909 年)中，也大量地使用点的形式。

图 1 - 1　康定斯基《蓝山》(1908—1909 年)

在看起来像山又像树冠的区间里布满点，形成一种错落的运动态势，前景人物的活动与中间点形成的层次，及最里面的山、树形成的层次，产生一种非常耐人寻味的意趣。这些艺术实践中的点其实已经突破了习常的单调、枯燥，或者相互呼应，或者彼此对抗，产生了非常多元的视觉效果。

再例如圆形，康定斯基本人的作品有一个对于圆的兴趣期。他对圆形所具有的张力之美进行了多方阐释。

问：圆形为何对我充满魅力？

答：1. 圆形是最为撙节的形态，却又毫不客气地主张自我；

2. 圆形是简洁的，同时显现无穷变化的可能性；

3. 安定的，同时亦具不安定性；

4. 窃窃私语，同时高声喧哗；

5. 它是将无数的紧张暗藏于内的一种紧张。

总之，圆形是最大对立的一种综合。圆形以保持均衡的形态，将同心性要素结合于向心性要素。①

在名为《圆之舞》的作品中，画家在晦暗的背景底色上描绘了三四十个圆形，虽然数量很多，但是各不相同。在组合形式上，有的是同心圆组合，有的是几个圆具有同一个切点，有的则是并列重叠，或者大圆的外围贴合几个小圆。这些圆形的色彩又各不相同，以暖色为主，间有少量冷色圆。

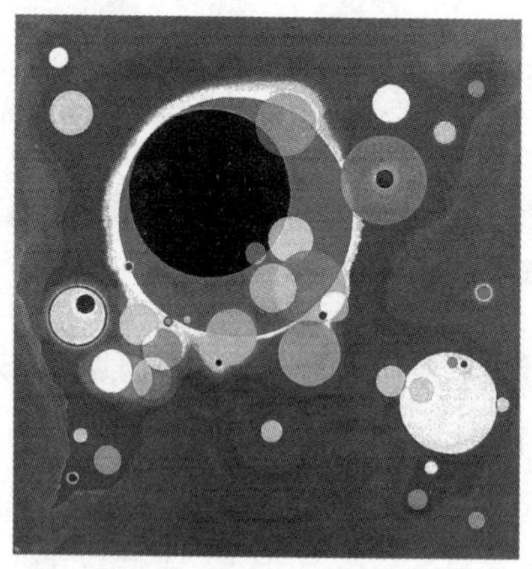

图 1－2 康定斯基《圆之舞》(1926 年)

① 康定斯基：《康定斯基论点线面》，罗世平、魏大海、辛丽译，中国人民大学出版社 2003 年版，第 127 页。

这些圆形像漂浮于茫茫宇宙中的天体，显出神秘性；而圆形的饱满又渲染着充分的安全感，由于圆的边线的曲线变化，同时也呈现出随时可能发生变化和重组的运动态势。

从以上的分析可以看出，所谓张力，在康定斯基的理解中是艺术形式所具有的一种力量。它并不像在物理学上一样特指一种相反方向的力，而是艺术的点、线、面由于具有动态感而存在的一种宽泛意义上的力。因此，自持力、向心力、活跃、变化的力量都可以包含在这一概念中。同时，在康定斯基的阐述中也可以看到，艺术张力的源泉是主体性的内在张力。正如有学者指出的那样："文本紧张和主体的心理紧张是张力的基本特征，甚至可以说没有紧张就没有张力。"[①]康定斯基是一个从小就内心非常敏感的人，当他还是小孩子时，就深受许多内在张力的困扰。"我们弄不清这些内在震颤和对某种东西的模糊不清的渴求，这些时刻，白天使人精神压抑、心神不宁；夜晚则使我们生活在充满恐怖和欢乐的神奇的梦境之中。"[②]在渐渐长大以后，正是在绘画中，他从这种内在张力中释放出来。作为表现主义艺术理论的重要阐述者，我们在他的文章中到处看到这样的字眼：内在需要、内在生活、内在声响、内在鸣响……艺术家的内心世界始终是艺术世界的奥秘之地。因此，康定斯基所谈论的张力是艺术形式的运动态势，更是源自艺术家内在的需要，二者共同构成了艺术作品所具有的力量。

《点、线到面》(1926年出版)中指出，点、线、面是绘画的元素。但元素概念可以分为外在概念和内在概念："就外在概念而言，每一根独立的线或是绘画的形就是一种元素。就内在的概念而言，

---

① 杨果：《隐藏的视点：中西"张力"范畴再辨》，《江汉学术》2013年第5期。

② 康定斯基：《康定斯基论点线面》，罗世平、魏大海、辛丽译，中国人民大学出版社2003年版，第150页。

元素不是形本身，而是活跃在其中的内部张力。而实际上，并不是外在的形汇聚成一件绘画作品的内涵，而是力度＝活跃在这些形中的张力。倘若这些张力像魔术般的突然消失或死去，那么充满生气的作品同样会即刻死去。”①

因此，张力是艺术魅力产生的原因，也是艺术形式和艺术家内在需要融合后形成的动态势能。

二、阿恩海姆论造型艺术的张力

在康定斯基之后，张力理论在德裔格式塔美学家鲁道夫·阿恩海姆的研究中得到更为成熟的阐述。

在西方近现代美学中，心理学美学是一个重要的发展趋向。从19世纪后期开始，德国首先出现了费希纳的实验美学，他把美学研究的重点转向了主体的审美经验，也以注重实验的特点带来了研究方法的革命。接着，以里普斯等人为代表的移情说美学声名鹊起，在欧美产生了极大的影响。在20世纪20年代以后，格式塔美学又成为心理学美学研究界的一匹黑马，阿恩海姆是这一流派中影响最大的学者。阿恩海姆在1954年完成了《艺术与视知觉》一书，系统地使用格式塔心理学研究视觉艺术。根据阿恩海姆的观点，知觉是艺术思维的基础，艺术形式之所以能够表达一定的情绪，是由于人的大脑视觉区域对某些视觉样式的反应。这一阐释路径打破了传统心理学从联想机制入手解释艺术的藩篱。阿恩海姆后又出版《视觉思维》等重要著作。其中，艺术表现中的“力”是他持续关注的一个话题。

在阿恩海姆看来，力其实是视觉艺术提供给欣赏者的一种可

---

① 康定斯基:《康定斯基论点线面》，罗世平、魏大海、辛丽译，中国人民大学出版社2003年版，第17页。

图 1－3　［东晋］顾恺之《洛神赋图》局部

以知觉的特征,“艺术家的目的就是让观赏者经验到‘力’的作用式样所具有的那类表现性质”①。例如,颜色与颜色之间会因为各自具有不同的色相而存在一定的排斥性力。当有几个不同的形象融合成一个绘画单位时,在这个绘画单位上会由于既是这个事物又是那个事物而可能产生张力。1951 年,阿恩海姆的《运动反应中的知觉和审美特征》一文在某心理学杂志上发表,后来被收入《艺术与视知觉》一书,并修改为主要谈张力问题。

作者首先从视觉艺术的运动谈起。运动是一个生活中常见的物理现象,人们的知觉系统很容易捕捉到关于运动的一切,因为它是一种显然的存在。但是在艺术中却存在一种特殊的运动,就是不动之动。当人们欣赏一幅绘画或者一尊雕塑时,虽然艺术家塑造的艺术形象是静止的,但人们却从中感觉到一种运动的态势。在顾恺之画的《洛神赋图》面前,观者体察洛神衣袂飘飘的仙态,真

---

①　鲁道夫·阿恩海姆:《艺术与视知觉》,滕守尧、朱疆源译,中国社会科学出版社 1984 年版,第 212 页。

像曹植在《洛神赋》中所写的那样"仿佛兮若轻云之蔽月，飘飖兮若流风之回雪"，画面形象虽千年不变，观者却觉得洛神似乎凌波微步、倏忽往来。

对许多艺术家来说，这种特质甚至是艺术品应有之重要品质。但这种静态艺术中的运动毕竟不同于真实的运动，因为在这些作品中是没有物理力量的驱动的，运动不是真实的存在，而是"视觉形状向某些方向上的集聚或倾斜"[①]。阿恩海姆借用了康定斯基的术语并将其称为"具有倾向性的张力"。那么这一知觉性质的基础和本质是什么？阿恩海姆的探讨是从对这一问题的思考开始的。

阿恩海姆首先提到了既有的解释。

例如联想说。这一说法认为，诸如绘画雕塑中的运动并不是直接在作品中看到的，而是观赏者平时有关于运动的生活经验，所以在看到相关题材的艺术形象时把自己以往的经验加入作品中；也就是在观赏中借着联想把位移因素加给了作品。例如莱辛在《拉奥孔》中就认为：诗是长于描述连续的动作，而绘画则只能表现动作的某一顷刻，并且"它们所表现的人物是不动的。它们仿佛在活动，这是我们的想象附加上去的；艺术所做的只是发动我们的想象"[②]。这一解释看似合理，但是有一个现象对这一解释提出挑战：一张平庸的运动题材的摄影作品和一幅优秀的绘画作品，在二者之间，人们在前者中感觉到僵硬和静止，而后者也许人物并不是运动员，观众却可以感到有节律的自由运动。如果是联想在起作用，那么为什么没有在摄影作品上产生相应的观赏效应？

联想说的解答忽视了两个概念的不同：对运动的知觉，对具有

---

① 鲁道夫·阿恩海姆：《艺术与视知觉》，滕守尧、朱疆源译，中国社会科学出版社1984年版，第569页。

② 莱辛：《拉奥孔》，朱光潜译，商务印书馆2016年版，第215页。

倾向性的张力的知觉。这是两种不同的知觉。如果不运动的样式具有的运动性质是知觉到的运动力的后效，那么画面最好具有一种实际的运动倾向，如此，人们就会从画上感受到强烈的运动感。但在实际的审美经验中，构图不平衡的绘画作品不但不能产生动态美感，反而使人觉得非常生硬。所以不动之动的产生其实跟事物是否呈现运动并没有必然的关系。联想说的重点，是把人们在艺术形象中感受到的动解释为“过去的运动经验向知觉对象的投射”，这显然不符合审美的事实。至此，阿恩海姆已经廓清了艺术中的不动之动与经验中的运动之间的关系，二者是截然不同的两种事物，对二者的知觉也是截然不同的，并不能以简单的联想作用解释。艺术中的不动之动是一种“独立的知觉现象，它直接地或客观地存在于我们所观看到的物体之中”①。

另外一种理论，是把视觉对象的运动力看作由观察者本身的动觉引起的。阿恩海姆认为，这样一种认识实际上在各个感觉之间做了阶层划分，似乎触觉比视觉更具有优越性。用动觉经验解释视觉把握到的运动，不是有点张冠李戴吗？实际上，对张力的视觉经验是视觉首先经验到的，动觉不过是一种辅助性或者共鸣性因素，它并不是在任何张力经验中都参与，而只是在特殊场合才出现的。

这样，他就否定了联想和动觉这两种对不动之动的奥秘的解释。接下来要解决的问题就是，究竟要怎样认识视觉式样中具有倾向性的张力呢？阿恩海姆采取的方法是通过研究知觉力的性质来达到的，这一研究在两个方面展开。一种是对伽马运动的研究。阿恩海姆指出：“伽马运动就是当一个物体突然出现或突然消失时

① 鲁道夫·阿恩海姆：《艺术与视知觉》，滕守尧、朱疆源译，中国社会科学出版社1984年版，第573页。

我们所能观察到的一种运动。"[①]这种运动的特点是,它的运动方向与物体本身的构造骨架的主轴方向相一致。手电筒突然在漆黑的夜晚打开,我们看到光束像从手电筒本身延伸出来的,呈现一种圆筒状的扩散性发射。而在你关闭它的时候,光线也仿佛从遥远的地方迅速回缩进手电筒中。在这样的运动中,我们可以发现仿佛存在一个固定的中心位置。一个圆形物体,在我们的视知觉中呈现的运动样式基本上是从圆心向四面八方延伸发射;一个正方形或长方形的运动线路是跟边线大体一致的。而一个三角形物体的运动态势则沿着两侧的边向上运动,当这个三角形用一个角立起来的时候,那么运动会呈现出向三个角平均发射的态势。根据阿恩海姆的思路,对伽马运动的解剖可以用来类比在静止式样中所观察到的运动或张力的特征。除了对伽马运动的分析之外,阿恩海姆还参考了其他学者的研究成果,指出当直线与长方形的空间定向和运动方向一致时,它的运动速度看上去比空间定向与运动定向垂直时要快。由此可见,某些特别的形式因素比较长于表现动感。

然后,阿恩海姆结合艺术史分析了一些能够创造运动的艺术式样。他特别注意到文艺复兴向巴洛克艺术的转变中一些有意思的现象。

巴洛克艺术是 16 世纪晚期从意大利发源的一种新艺术形式。巴洛克(Baroque)源自葡萄牙语的 barroco,指的是不圆的珍珠,在意大利语中这个词被赋予"古怪""奇异"等意思,人们用它指称与当时流行的古典主义截然不同的艺术风格。罗吉·福勒主编的一本词典称这种风格"有一系列彼此似乎毫不相关甚至互

① 鲁道夫·阿恩海姆:《艺术与视知觉》,滕守尧、朱疆源译,中国社会科学出版社 1984 年版,第 575 页。

相悖逆的用法”[①]。诸如富有装饰性的、神秘主义的、有人情味的、充满奇思异想的、世俗感的形式都可以被归入巴洛克名下。相比古典主义，巴洛克艺术更加奢靡、浮华。在巴洛克建筑中，拉丁十字平面被抛弃，代之以更加活泼的形状，从而使造型的运动性大大加强。这一效果的获得也常常通过改变图形比例来实现，例如，圆形逐渐被椭圆形取代，正方形转变为长方形。圆形的运动力是均衡地射向各个方向的，因此是一种较少运动感的形状，正方形亦如此。用椭圆和长方形取而代之，这两者的轴线加长，因而整个图形具有了一种方向性，更容易形成运动感。例如，17 世纪意大利建筑设计师弗朗切斯柯・波罗米尼（Francesco Borromini，1599—1677 年）设计的四喷泉圣卡罗教堂。

图 1－4　圣卡罗教堂立面，张玉藻绘

---

①　罗吉・福勒主编：《现代西方文学批评术语词典》，袁德成译，四川人民出版社 1987 年版，第 25 页。

最引人注目的教堂入口处立面、内部穹顶等多处使用了椭圆的几何图形，梅花形、十字形、六角形也被广泛采用，墙壁更被设计为流动的曲线。这位出身石匠家庭的建筑师似乎已经对坚硬材料具有出神入化的造型魔力。正像瑞士历史学家希格弗莱德·吉迪恩所说的那样："波罗米尼使石块有弹性，能将石墙变为一有弹性的物质。"[①]这些构成立面、壁龛和穹顶的优美线条，使得整组建筑（主堂、祈祷室、庭院）如同一首错落有致的诗歌。巴洛克建筑的这种流动感大大开拓了造型艺术的张力表现空间。阿恩海姆还分析了另一种更为典型的图形：楔形。楔形的上部逐渐变窄，也加强了运动感。还有一种典型式样，就是曲线的渐强或者渐弱，亦具有运动感。

在特定形式的考察后，阿恩海姆讨论了加强倾向性张力的手段，例如使某式样定向倾斜，这是最有效的方法。因为倾斜意味着从某一基本定向上的偏离，"这种偏离会在一种正常位置和一种偏离了基本空间定向的位置之间造成一种张力，那偏离了正常位置的物体，看上去似乎是要努力回复到正常位置上的静止状态"[②]。这种方法在现代建筑中时常用到，例如南京世纪塔的设计就是用了这一方法增强雕塑的张力感。

倾斜产生的运动感强弱与物体偏离稳定空间定向的程度有关。阿恩海姆举荷兰风车的例子。当风车的手臂呈水平—垂直定向时，我们的视觉感受是静止的。当两条手臂呈对角线交叉，可以感受到微小的运动感，而当两条手臂交叉形成的角度不平衡不对

---

① 希格弗莱德·吉迪恩：《空间·时间·建筑：一个新传统的成长》，王锦堂、孙全文译，华中科技大学出版社2014年版，第91页。

② 鲁道夫·阿恩海姆：《艺术与视知觉》，滕守尧、朱疆源译，中国社会科学出版社1984年版，第583页。

称时，产生的运动感是最强烈的。有些时候，艺术创作会为了一种更好的动态效果而把运动变形，例如以马为题材的绘画作品。在中国古典绘画中，描绘骑马打仗或者打猎等景观时，马的前后腿之间间距明显是不合乎正常比例的，马前后腿的运动方向也是相反的，显出极力往前狂奔的紧张感。这种姿势并不合乎科学事实。

图 1-5　［唐］韦偃《双骑图》

如唐朝韦偃的《双骑图》，这幅画在构图上还有一个非常大的弊端，就是形象集中压向画面右下角，两个骑士和两匹马都处在对角线右下方的狭窄空间内，这样的构图很容易造成视觉上的极度不平衡，从而成为败笔。但画家在运动定向上的处理却挽救了这幅画，画面中间的马像是在急转掉头往左去，两位骑士的目光也都转向左侧，从而极大地缓解了构图上的失衡。图上两匹奔马，前蹄似乎痉挛一样的用力扎向地面，后蹄则用力向上腾起，马的身躯似乎被拉长了。再如 1971 年在陕西乾县从章怀太子李贤墓发掘出土的壁画《狩猎出行图》，此画描绘了唐朝贵族田猎的场景，绘画了四十多个人物以及骆驼、鹰犬等形象。在这个片段中可以看到马的形象也是不写实的，却渲染出十足的动态感。

图 1－6 《狩猎出行图》局部

绘画的能事就是表现出物体运动爆发时所蕴藏的张力。因此画家在绘画中未必截取现实中决定胜负的那一刻，却如亚里士多德所说的那样，选取最具有可能性、应然性的那一刻，或者最能表现整个故事性质的那一刻。因此，米开朗琪罗的雕塑《大卫》并不表现大卫将石子甩出去击中巨人歌利亚的瞬间，而是表现他蓄势待发的一刻。这看起来跟莱辛在《拉奥孔》中所表达的观点是一脉相承的。但实际上，二者之间存在着微妙而重要的差异。阿恩海姆引用另外一位学者的话质疑莱辛，认为绘画选择活动顶点之前的瞬间从而为观者的自由想象服务的观点是错误的，与艺术的本质水火不容。因为，“艺术家渴望得到的最高信任，并不是让观赏者在自己的作品中看到更‘多’的东西，而是接受艺术家本人所看到的东西”。“没有一幅画和一座雕塑能够表现出肢体那真实的运动。它们所能表现出来的，最多不过是物体偏离了正常的位置时所蕴藏的张力。”[①]大卫手中的石块没有投出去，掷铁饼者的铁饼没有掷出去……艺术并不适合表现运动，于是艺术家便将对运动的表现转化为对运动姿势的表现。

阿恩海姆还探索了由变形所形成的动感的具体做法；频闪产生的动感效果，例如毕加索的绘画中的一些人物常常是侧面和正面的交汇体，记录了由位移或者过渡而产生的运动效果。

由以上的梳理可以看出，阿恩海姆主要在对艺术中的运动表现的视域内谈论张力。张力作为一种倾向性的力，在艺术中借助于椭圆形、楔形、长方形等富有动感的图形得以构建，也借助定向倾斜等方法得以加强，在人们的视知觉中产生强烈动感。同时，阿恩海姆也把自然生命中存在的生长变化潜能纳入张力范畴，认为自然物的形状记录了物理力运动、扩张、收缩、成长的活动踪迹。例如蜗牛的壳本身是富有节奏感的构图；再如乌龟的龟甲在生长过程中会形成一定的纹路。龟生长时，骨板延伸，但表面盾片角质和色素还来不及生成，就会露出底下的骨板，像是由于盾片扩张而出现裂缝，呈现出白色或者淡黄色、淡粉色这样的纹路，其实那是新的生长纹。一圈生长纹代表度过了一个生长周期，透过优美的纹路，人们可以直接地知觉到乌龟生命中的动态和张力。

综合康定斯基和阿恩海姆的研究，我们可以看到，造型艺术领域内的张力研究主要是锁定了艺术作品的运动态势这一领域，张力是富有这一特点的艺术品体现出来的一种知觉性质，它的产生有赖于特殊的艺术形式因素，如艺术家使用了有活力、易于产生动觉的形式。但是正如康定斯基所揭示的那样，张力的存在从根本上源于艺术家主观内在世界的复杂动态。

---

① 鲁道夫·阿恩海姆：《艺术与视知觉》，滕守尧、朱疆源译，中国社会科学出版社1984年版，第587页。

第二节 西方文论中的张力说

相比于造型艺术中的张力探讨，文学理论界的相关阐述更加集中，又更加耗散。集中，是指“张力”在作为文学理论概念之初是一个流派色彩浓厚的术语，对它的阐述主要是在英美新批评学派中。耗散，则是指在其后续发展中，张力本身成为一个极具张力感的灵活概念，被用来指称文学活动诸领域内的多种特征。

一、艾伦·退特：张力——好诗的共同特点

“张力”成为一个文学理论术语，众所周知，始于20世纪30年代后期美国文论家艾伦·退特的论文《论诗的张力》。

艾伦·退特在《论诗的张力》一文中开宗明义地提出一个观点：“我们公认的许多好诗——还有我们忽视的一些好诗——具有某种共同的特点，我们可以为这种单一性质造一个名字，以更加透彻地理解这些诗。这种性质，我称之为张力。”[①]退特的这一观点是有感而发，引发他好诗之辩的恰恰是一些不怎么好的诗。说不好，不是因为这些作品不受欢迎，而是因为它们陷入某种片面之中。被他着重批判的是大众传达诗。这种诗歌被称为一种面目不清的抒情诗，爱用狭隘的语言展示平庸的个性，语言纯然被当作一种传达媒介，用来刺激读者的某种感受状态。他举了美国现代诗人米雷小姐（1892—1950年）的作品为例。米雷小姐有一首诗是为两位类似英雄好汉的人物写的，他们（萨科和梵赛蒂）被美国政

---

① 艾伦·退特：《论诗的张力》，姚奔译，见高建平、丁国旗主编：《西方文论经典》第五卷，安徽文艺出版社2014年版，第324页。

府处死了，所以这是一首挽歌。这首诗的标题是“马萨诸塞州的正义破产了”。这样一个具有明显的道德意味的副题应该会在大众读者中引起广泛的共鸣，作者的用意也许是希望借此唤起社会正义感。但是，并不是所有人都会对正义问题很敏感，对于一个对社会公义较为麻木的读者而言，作者发出的感受并不能被感知到，这首诗就只能显得晦涩费解，不啻为一种滥情！退特认为，类似米雷小姐此作的弊端是一种自19世纪以来诗歌创作的积习，诗人用诗来传达感情，诗歌也就变成仿佛是为传达感情而生的。19世纪的英国诗整个是这种传达诗！然而感情却未必一定指望诗歌来传达，社会科学也可以传达得很好。所以这种认识确实有其谬误之处。

除了米雷小姐的诗，退特还批评了詹姆斯·汤姆森的诗《葡萄树》，这首诗的欠缺在于，字面意义和暗指含义毫无联系，陷入混乱糊涂之中，无法追寻到它明晰的一般意义；考利的《赞歌：献给光明》也被点名，这首诗的优点在于语言使用的稳定，主要的陈述是很清楚的：上帝即光明，光明即生命。[①] 但文字表现上的歪曲失去了控制，以至于给光明增加了很多并非其固有属性的性质。所以詹姆斯·汤姆森的诗《葡萄树》、考利的《赞歌：献给光明》，前者是外延上的失败，语言缺乏客观内容；后者是内涵上的失败。在一般的逻辑学常识中，“内涵意义或内涵在于该词项所意涵的性质或者属性，而外延意义或外延在于该词项所指称的类的那些成员……内涵决定外延。词项的内涵意义充当决定外延的组成的准则”[②]。换句话说，内涵意义说明了这个概念所意涵的某一组属性，外延则

① 赵毅衡编选：《“新批评”文集》，百花文艺出版社2001年版，第127页。

② 帕特里克·赫尔利：《简明逻辑学导论》，陈波等译，世界图书出版公司2010年版，第86页。

是概念的指称。例如鸟的内涵意义是有翅膀可以飞的、有两足的动物等属性,鸟这一概念的外延则包括宇宙之内具体的麻雀、燕子、海鸥等鸟类动物。一个概念的内涵必须有确定的属性作为事物的意涵,外延也应当有具体所指。然而两位诗人却分别在这两个方面犯了致命错误。“与诗人相比,一个普通人是把十分之九的冲动压制下去的,因为一个普通人没有能力有条不紊地处理这些冲动。他就像一匹戴着眼罩的马……但是一个诗人,由于他有优越的组织经验的能力,就不必受这种必然的限制。”[①]诗人本应当可以给各种冲动加上条理性而使之成为合乎逻辑并富有美感的作品,但上述诗人均未能履职。

在指出上述各种诗歌的败笔之后,退特正面地提出了他关于诗歌的主张,提出了“张力”这个名词。退特把“外延”(extension)和“内涵”(intension)这两个词的前缀去掉,选取二者共有的tension作为其诗歌理论的核心概念,tension在英语中也就是物理学中所说的“张力”。张力在英语中可以用来指物理上的紧绷状态,也指紧张关系,精神或情感上的紧张。退特说:“我所说的诗的意义就是指它的‘张力’,即我们在诗中所能发现的全部外展和内包的有机整体。我所能获得的最深远的比喻意义并无损于字面表述的外延作用,或者说我们可以从字面表述开始逐步发展比喻的复杂含义:在每一步上我们可以停下来说明自己已理解的意思,而每一步的含义都是贯通一气的。”[②]这段关于张力的重要阐述提到了两个意义:比喻意义,字面表述的外延作用。一个词语的字面表

---

① 艾·阿·瑞恰兹:《想象》,杨周翰译,见伍蠡甫、胡经之主编:《西方文艺理论名著选编》下卷,北京大学出版社1987年版,第52页。

② 艾伦·退特:《论诗的张力》,姚奔译,见高建平、丁国旗主编:《西方文论经典》第五卷,安徽文艺出版社2014年版,第330页。

述规定着某种具体的外延意义，但是作者可以借着有限的字面寄托深远的比喻意义，读者解读诗歌所获得的在这二者之间，其意义结构呈现一种完美状态：意义多元，而且贯通一气。

在外延作用和比喻意义之间，存在一种关系。外延意义的基础是语言文字的规范性含义，或者说辞典含义，有确定性和相对静止性，因此有了外延意义，诗歌语言才能保持概念的确定性和明晰性，否则诗歌将是难以理喻的，对诗歌的理解也难免混乱不堪。如清代皇帝大搞文字狱的时候，就是抛开词语确定的通用含义，以险恶用心加以引申、揣测诗人动机，任意曲解文字。例如当时人所写的"清风不识字，何故乱翻书""明月有情还顾我，清风无意不留人"[①]这些诗句，其中的"明"都被解释为明朝之"明"，枉顾这个词的本义，"清"则一律理解为指清政府，所以一句字面仅仅表达闲雅幽情的遣怀之作，在清帝眼中顿时有了反清复明的狼子野心，竟将作者处死。这种惨祸的发生，从文学接受的角度讲，明显是读者不尊重语言的稳定意指（即退特所谓外延意义）使然。

但如果仅有外延意义，诗意虽然明白确切，却又不免枯燥单调。比喻意义恰恰可以破解这一问题，使诗歌由于诗人语言内在喻指的丰富性而具有多重可解性。燕卜荪在《朦胧的七种类型》中曾经写过一个非常有趣的短语，直译就是"怀孕的句子"。在阐述第四类朦胧的时候，燕卜荪提及邓恩的《哭泣的告别辞》一诗，诗人写到为将要离别而流泪，这泪水被女友的脸庞铸造为钱币，具有些许价值，"这些泪水怀孕了你/它们是悲伤的果实/带着你的印记"。燕卜荪特别提到 pregnant 的多义性，并在解读中引申出了 pregnant sentence 这个说法，"怀孕的句子"也就是会产生其他

① 传说这是清朝雍正时期翰林院庶吉士徐骏所作，徐骏因此被人诬告犯悖乱之罪，遭诛杀。

句子的语言组织，这一短语生动地喻指了具有生产性和活力的那些诗句。例如李商隐的《锦瑟》这首诗就有很多“怀孕的句子”。历来人们对全诗以及每一句的含义有许多种探索，钱锺书先生甚至认为这首诗除了首尾言情外，主体主要是在谈作诗之法。“‘庄生晓梦迷蝴蝶，望帝春心托杜鹃’，言作诗之法也。心之所思，情之所感，寓言假物，譬喻拟象；如庄生逸兴之见形于飞蝶，望帝沉哀之结体为啼鹃，均词出比方，无取质言。举事寄意，故曰‘托’；深文隐旨，故曰‘迷’……‘日暖玉生烟’与‘月明珠有泪’，此物此志，言不同常玉之冷、常珠之凝。喻诗虽琢磨光致，而须真情流露，生气蓬勃，异于雕绘汩性灵、工巧伤气韵之作……珠泪玉烟，亦正诗风之‘事物当对’也。”[①]这种解释乍看匪夷所思，但也合乎作诗章法，未尝不可。理解为悼念亡人，理解为教导作诗，二者差别很大，却也各成其理，并不违和。

所以对于诗歌而言，这两种含义缺一不可。这两种意义之间有联系。张力所指的就是诗歌意义游走于二者之间的一种活性状态。从字面意义到比喻意义，从比喻意义到字面意义，这个空间越大，诗歌的张力就越大。退特同时比较注意提到的就是，无论这两个意义之间的距离有多远，它们是可以共存的。二者成为一个整体，并不是隐晦诗中那样复杂而混乱，张力之诗的意义是丰富但有合一性的。因此比喻意义无论多么深远并不害于字面意义，比喻意义也是从字面意义发展出来的，含义之间有贯通一气的关系。所以我们把握张力概念不能忽略的一步，是在此意义和彼意义之间存在着有机性，并非一种杂乱无章的天马行空。

退特在论述中着重分析了玄学诗人约翰·邓恩的《别离辞：莫

---

① 钱锺书：《谈艺录》，生活·读书·新知三联书店2001年版，第288—289页。

悲伤》。

正如德高人逝世很安然，
对灵魂轻轻地说一声走，
悲伤的朋友们聚在旁边，
有的说断气了，有的说没有。

让我们化了，一声也不作，
泪浪也不翻，叹风也不兴；
那是亵渎我们的欢乐——
要是对俗人讲我们的爱情。

地动会带来灾害和惊恐，
人们估计它干什么，要怎样，
可是那些天体的震动，
虽然大得多，什么也不伤。

世俗的男女彼此的相好，
（他们的灵魂是官能）就最忌
别离，因为那就会取消
组成爱恋的那一套东西。

我们被爱情提炼得纯净，
自己都不知道存什么念头
互相在心灵上得到了保证，
再不愁碰不到眼睛、嘴和手。

两个灵魂打成了一片，
虽说我得走，却并不变成
破裂，而只是向外伸延，
像金子打到薄薄的一层。

就还算两个吧，两个却这样
和一副两脚规情况相同；
你的灵魂是定脚，并不像
移动，另一脚一移，它也动。

虽然它一直是坐在中心，
可是另一个去天涯海角，
它就侧了身，倾听八垠；
那一个一回家，它马上挺腰。

你对我就会这样子，我一生
像另外那一脚，得侧身打转；
你坚定，我的圆圈才会准，
我才会终结在开始的地点。

（卞之琳译，选自王佐良主编《英国诗选》，
上海译文出版社，1988年版）

这首诗是诗人邓恩1611年随上司受邀去法国访问之前写的。彼时邓恩结婚十载，妻子有孕在身。邓恩与妻子安妮·莫尔的婚姻来之不易。安妮是邓恩做秘书时的雇主埃格顿爵士（伊丽莎白

女王的掌玺大臣)之妻的侄女,邓恩跟这位当时只有17岁的名门闺秀私相嫁娶,令安妮的父母大为光火。邓恩因为这件事得到的惩罚是:被解雇,入狱……受到这件事的影响,这对夫妇头十年的婚姻生活充满了艰辛和潦倒……但总算爱情没有被辜负,两人一直感情笃厚,邓恩甚至在与安妮的爱中瞥见那神圣之爱的一点端倪。因此当离开怀孕的妻子时,真是牵肠挂肚,别有一番滋味在心头。故此,诗人写了这首诗,既是安慰妻子,恐怕也是自我遣怀。

这首诗受人推崇,原因很多,其中一个就是新奇的比喻。用圆规这样坚硬、尖锐的东西比喻如胶似漆的爱情,实在是一大创举。圆规入喻,国人最熟悉的就是在鲁迅的小说《故乡》中。在他笔下,细脚伶仃的圆规被用来比喻干瘦刻薄的豆腐西施,鲁迅写道:"'哈!这模样了!胡子这么长了!'一种尖利的怪声突然大叫起来。我吃了一吓,赶忙抬起头,却见一个凸颧骨,薄嘴唇,五十岁上下的女人站在我面前,两手搭在髀间,没有系裙,张着两脚,正像一个画图仪器里细脚伶仃的圆规。"被赞为豆腐西施的杨二嫂年轻时颇有姿色,但上了一点年纪,颧骨高了,嘴唇薄了,人也泼辣尖刻,圆规之喻何其贴切。但邓恩却拿这细脚伶仃之物来喻爱情,实在是奇招!这比喻从事物的材质角度来看显得不怎么恰切,但就固定的一脚紧紧牵扯转动的一脚这一动作特性来说,却又极为妥帖地比喻了相爱之人的彼此牵连。第二个绝妙的比喻,就是关于灵魂和黄金的比喻。黄金经过火炼、质地纯粹,比情之坚,是常见的,譬如国人熟知的"情比金坚"一词,就是这个用法。可是这里用来表达爱情的却不是静态的黄金、坚定的黄金,而是动态的,被塑造中、变形中的黄金。实在是别致!此外,灵魂本身具有整体性和非空间性,而黄金却是一个具体的有空间性的形象,正如退特指出的:“黄金的有限形象,在外延上是和这个形象所表示的内涵意义(无限性)在逻辑上相互矛盾的。”[①]二者如何能够彼此包孕而相得益彰?退特特别注意到“扩展”这个词,这是许多事物共有的一种抽象性,灵魂是扩展的,黄金也可以扩展,在高温处理中可以塑形、延展,这是黄金的物性之一,是该词外延意义确定的所指。黄金的表面被捶打成薄片,以至于它的面积越来越大,正如两个人的灵魂并不因一方的远行而破裂,而只是一种延展。正是在延展性这一点上,黄金和灵魂找到了共同点,从而使得这个比喻既出人意料,又合情合理,“这节诗的全部意义从内包上包括在明显的黄金外展中。如果我们舍弃黄金,我们就舍弃了诗意,因为诗意完全蕴蓄在黄金的形象中了,内包和外展在这里合二为一,而且相得益彰”[②]。黄金的外延是有限的,无限性这样一种内涵是在黄金这种外延有限的形象中得以体现的。我们对无限性灵魂的遐想与冥思附着于一个黄金之点。从可见物到不可见物,从坚硬到延展、变形,从黄金到灵魂,在品读之中,读者的理解在确定的外延意义和丰富的内涵意义之间来回滑动。诚如刘勰《文心雕龙·隐秀》所说的:“有秀有隐,隐者复意也。”读者的解释犹如许多个力量很足的弹球,在此端与彼端之间活跃地跳动,但并非互相碰撞、漫无边际。

概括退特在《论诗的张力》中对张力概念的理解,其要点不外乎以上提到的。首先,在退特的张力诗学中,张力是好诗的评价标准。其次,诗歌的意义由字面表述的外延作用和比喻意义共同构成;而且这两个端点是有关系的,二者处于有机统一中,使诗歌的意义有其确定性而不至于死板,多元共生而不至混乱矛盾。

---

① 赵毅衡编选:《“新批评”文集》,百花文艺出版社 2001 年版,第 131 页。

② 艾伦·退特:《论诗的张力》,姚奔译,见高建平、丁国旗主编:《西方文论经典》第五卷,安徽文艺出版社 2014 年版,第 332 页。

二、同侪的佐论

我们虽然把文学理论领域中张力概念的发明版权归于艾伦·退特，但其实有许多和他同时代的人也已经注意到诗歌意义结构的复杂性，并且用力的范畴来阐述这一现象。

新批评的早期代表人物艾·阿·瑞恰兹在对综合诗的论述中，涉及关于张力的一些基础看法，如他认为诗歌“最明显的特色是可以区别的具有非同寻常的异质性。但是它们不仅仅是异质的，而且是对立的”[①]。在这里瑞恰兹捕捉到了诗歌意义元素的多元和对立。瑞恰兹关于科学语言和诗歌语言差异的分析，也与退特的内涵意义、外延意义之辨有一定的内在关联。但是与退特此论关系更密切的则是燕卜荪的某些说法。

威廉·燕卜荪在成名作《朦胧的七种类型》（又译《含混七型》）的最后一章，考虑到前面的内容是连篇累牍地对朦胧诗意的强调，为了平衡起见，燕卜荪提到了诗歌的另外一面，就是在这千变万化的丰富诗意背后，其实还存在着一致性，或曰一元性。但在读者阅读过程中，这种一元性可能会受到挑战，面对一首诗，“你想到的是许多事物，还是被许多事物所显示出来的一个事物，或者存在于不同方式中的一个事物”[②]，由这些差别可知，在一首诗歌中，其实是存在把各种要素聚合在一起的“力”的，“这里我只是希望说这些形象模糊的力对于诗歌的一元性是必不可少的”，但是这种力究竟是什么，却是很难说清楚的。我们只能说它是隐藏在意思之中，

① 艾·阿·瑞恰慈：《文学批评原理》，杨自伍译，百花洲文艺出版社1997年版，第227页。

② William Empson, *Seven Types of Ambiguity*, London: Chatto and Windus, 1949, p.234.

"而且不能在朦胧的意义上讨论它们,因为它们和朦胧是互补的。通过讨论朦胧,这些力的面目会变得清晰。特别是,当存在矛盾,一定包含着张力,但张力却不是通过矛盾传达和维系的"[①]。在讨论张力问题的时候,不少论者都曾谈到这一段。但也经常存在一种现象,就是常把力和张力混为一谈,认为燕卜荪前面所说的使诗歌具有一致性的力就是后面所说的张力。但这样的论断其实是有问题的。英语原文中,作者所提到的力并不是一种力,而是复数的力(forces),也就是说在诗歌中将诗的各种释义整合为一体的并不是某一种力,而是多种力。因此当我们把力具体化为他后面所提到的"张力"时,是需要谨慎的。Tension 仅仅是力(forces)的一种,即 tension force,比较特定指绳子之类具有的张力;力(force)的意思则宽泛得多,不但物理力是力,军事实力、影响力、约束力都是力。所以这样相提并论其实蕴含着很大风险。在燕卜荪的使用中,力或者张力都不是他研究的重点,他的重点是朦胧,只是在朦胧的研究中隐含了对力的分析。而且,使诗歌统一的是许多力,矛盾的诗歌则呈现出张力,这是要点。

因此,燕卜荪对张力的使用是非常具有限制性的,也是比较明确的,指在诗歌的意思存在显著矛盾的情况下,张力是特别突出的。这完全不同于退特对张力的推崇。因此尽管燕卜荪比退特早十几年提到诗歌中的张力问题,也不能夸大燕卜荪与退特张力说之间的关系。同时,对于燕卜荪来说,在诗歌中存在的整合众多元素的力是作用在诗人的心灵中的(known to be at work in the poet's mind)[②],

① William Empson, *Seven Types of Ambiguity*, London: Chatto and Windus, 1949, p.235.

② William Empson, *Seven Types of Ambiguity*, London: Chatto and Windus, 1949, p.235.

他并没有强调诗歌语言意义对构成张力的重要性。可以说，燕卜荪对诗歌中力、张力的理解还是比较含混的。这就为退特张力说的提出和立足提供了空间。

尽管退特对张力性质的重要性不吝美词地强调，将之奉为好诗共性，似乎是缺不得的，但是退特对张力的使用并非没有边际，他明确地在诗歌领域内使用该范畴，并且他对张力的分析主要在诗歌语言修辞和意象层次上，并没有扩大到文体、结构、风格等方面。在退特提出张力说之后，有不少同道中人的诗学观点呼应了他的看法，并且不断地开拓张力理论的应用范围。罗伯特·潘·沃伦在谈到诗歌的结构时说："我们能不能就诗的结构的本质做出任何概括呢？首先，这个问题触及到不同程度的抵触。诗的韵律和语言的韵律之间存在着张力，张力还存在于韵律的刻板性与语言的随意性之间；存在于特殊与一般之间，存在于具体与抽象之间；存在于即使是最朴素的比喻中的各因素之间；存在于美与丑之间，存在于各概念之间；存在于反讽包含的各种因素之间；存在于散文体与陈腐古老的诗体之间……一首诗……是一种朝着静止点方向前进的行动，但是如果它不是一种受到抵抗的运动，它就成为无关紧要的运动。"[①]在这里，诗歌结构的一个本质就是张力，即是说诗歌是由许多纯净因素与不纯净因素共同组成的。正是这些相互抵触、抵抗的因素构成了张力性的结构。布鲁克斯1947年发表的《释义误说》中也表达了相同的看法，他认为一首诗富有独特的统一感，但它的结论不是逻辑的，"诗的结论是由于各种张力作用的结果，这种张力则是由命题、隐喻、象征等各种手段建立起来的。统一的取得是经过戏剧性的过程，而不是一种逻辑性的过程；它代

① 罗伯特·潘·沃伦：《纯诗与非纯诗》，蒋一飒、蒋平译，见赵毅衡编选：《"新批评"文集》，百花文艺出版社2001年版，第203—204页。

表了一种力量的均衡，而不是一种公式。”[①]这些观点都支持和拓展了张力说。

而梵·奥纳康的一些说法则使这一概念的阐释区域扩大化：“张力存在于诗歌节奏与散文节奏之间，节奏的形式性与非形式性之间，个别与一般之间，具体与抽象之间，比喻，哪怕是最简单的比喻的两造之间，反讽的两个组成部分之间，散文风格与诗歌风格之间。”[②]同时，人们也常常在非诗歌领域中使用这个概念，如用张力解释戏剧的悬疑情节的艺术效果：“戏剧张力是一种结构现象，它连接戏剧故事的各个片段……张力通过前置或多或少对结局的焦虑而形成。由于把事件的下文提到前面，观众便产生一种悬念：观众想象这最坏的结果，因此非常紧张……当冲突的结果提前明朗化，张力就完全被分解，观众便把注意力集中到故事的进展之中。”[③]在上述诸位学者的阐述中，我们看到这一概念的使用是朝着越来越开阔的领域拓展了。

第三节　张力理论的中国批评应用

一、张力概念应用的泛化

张力理论被引入中国以后，这种泛化使用的现象就更加突出。在大陆，张力范畴的广为人知主要有赖于赵毅衡编选的《“新批评”

---

① 克利安思·布鲁克斯：《释义误说》，杜定宇译，见赵毅衡编选：《“新批评”文集》，百花文艺出版社 2001 年版，第 224 页。

② 赵毅衡：《论诗的张力（1937）》编者按，见《“新批评”文集》，百花文艺出版社 2001 年版，第 121 页。

③ 帕维斯：《戏剧艺术辞典》，宫宝荣、傅秋敏译，上海书店出版社 2014 年版，第 354 页。

文集》在 20 世纪 80 年代的出版。但这一范畴在港台诗歌界却早已引入多年。

1966 年，香港学者李英豪出版批评集《批评的视觉》(台湾文星书店出版，1966 年)，收录了《论现代诗之张力》，是中国学者在张力研究方面的一篇重要文献，作者接受了新批评的影响，把张力推崇为好诗评判的圭臬，结合中西方重要的诗人诗作剖析了现代诗的张力特质和体现。这篇文章深刻影响了福建诗人陈仲义，后者写出了《现代诗:语言张力论》(长江文艺出版社，2012 年)一书，用张力统摄了反讽、悖论、含混等新批评概念，熔于一炉，使张力成为一个超级概念。陈仲义丰富了诗歌元素关系的探索，把构成张力的因素归纳为对立因素、互否因素、互补因素、异质因素，使得诗歌张力因素的关系结构更加复杂、具体;并在张力秩序上分为词张力、句张力、篇张力三者，样态上可以分为强张力、弱张力、显张力、隐张力、短张力、长张力、分张力、合张力等，使张力升华为现代诗歌话语的中枢、引擎。朱徽的《中英诗歌中的"张力"》(1990 年)一文用张力来指"诗歌的内容与形式、整体结构与局部肌理、感性与理性、语言的字面意义(外延)与深层意义(内涵)、一般与特殊、抽象与具体等对立因素之间的矛盾统一，是由部分构成整体的有机组织"[①]，在诗歌中可以体现为语言张力、意象张力、情感张力、观念张力、结构张力五种类型。这些研究都是在张力理论的诗歌基本盘上进行了进一步的批评归纳。可以说，在中国当代诗论领域中，张力犹如一个生育能力极强的母概念，繁衍出了庞大的张力子概念。

不仅如此，在当代中国学者的研究中，这一概念还频繁突破诗

---

① 朱徽:《中英诗歌中的"张力"》，《外语学刊》(黑龙江大学学报)1990 年第 3 期。

歌研究的领域，成为一个广泛适用的文学范畴。以徐岱 1992 年出版的《小说形态学》为代表，该书讨论了小说叙事中的真实与虚构、主观与客观等诸多方面的张力。陈仲义也提出“外张力”的概念。“张力是内张力与外张力的‘迭加’。外张力是指心灵世界（情感、精神）与外部世界（社会、历史、现实、当下）构成的敌对关系，亦即心灵面对生命困境、文化困境、自由困境、存在困境所做的挣扎与释放；内张力是指文本内部自身（架构、肌质）——主要是语词、语言之间的紧张关系——面对语言困境与语言刷新。外张力与内张力两者一直处于语词未定型与定型的纠缠状态，它们共同形成张力诗学的逻辑起点和基础。”[①]还有的学者把张力从文本语言结构延伸到文学接受环节，并把该环节的张力分解为三个层面：读者心理期待与作品总体结构之间的张力关系，读者心理期待与作品部分之间的张力关系，读者与作品不同层次之间的关系。[②] 在孙书文的《文学张力：理论建构与批评实践》（山东人民出版社，2016 年）一书中，语言张力、内容张力、文学与时代的张力，以及文学与影视、网络之间的张力都被作为张力研究的内容。张力概念在中国学者的研究中不再具有当初的局限性，使用上的自由随意构成了新的张力批评景观。

何以如此？大约这也和张力理论本身的局限有一定关系。正像赵毅衡所说的：张力理论是新批评派“最重要但又最难捉摸的论点之一”[③]。燕卜荪一笔带过，退特的阐述不乏语焉不详之处。而新批评内部的反讽说、本质—肌质说、情绪—概念说等都与张力说

---

① 陈仲义：《“张力”的埋伏与生产》，http://blog.sina.com.cn/s/blog_a4fefa0e0102xrgc.html。

② 刘月新：《接受张力论》，《中州学刊》1994 年第 4 期。

③ 赵毅衡编选：《“新批评”文集》，百花文艺出版社 2001 年版，第 120 页。

扯着骨头连着筋。正如互文性理论所强调的那样,在人类的文明史上,一些句子总是指向另外一些句子。界墙本不坚实,这些似曾相识之处在一定程度上也造成了对边界的瓦解。所以对张力的使用逐渐呈现出言人人殊的自由状态。张力概念在一定程度上已经从一个表示各类辩证关系[①]的诗学术语转变成一种普泛性的文学特质概括。这实在是一件耐人寻味的事。

二、张力之榫,文艺之卯

在文艺的问题上,对概念边界的强调是一种严谨还是一种拘泥呢?

在中国传统的学术精神中,人们似乎并不热衷于穷究死抠概念的确定内涵,而是更喜欢在约定俗成中自然形成一些具有家族相似性的概念群组。它们通用于文史哲诸领域,概念与概念之间像一团和气的伙伴,是可以密切相关和纠缠不清的。诸如“气”家族的气韵、生气、体气,“风”家族的风骨、风致、风格,都是极具延展性和包容性的概念,使用时颇为灵活。

在中国当代的文艺批评实践中,张力概念已然成为一个大肚能容的老母亲,何不就继续开枝散叶去占领更为广阔的文艺空间?又何必仅止于文学研究?正如有学者指出的,“凡是存在着对立而相互联系的力量、冲突和意义的地方,都存在着张力”,张力就是“互补物、相反物和对立物之间的冲突和摩擦”。[②] 很明显,张力本来就不是一个文学术语,而是物理学概念。在《辞海》中,张力有两个明确的意思:物体受到拉力作用时,存在于物体内部而垂直于两

① 赵毅衡:《重访新批评》,四川文艺出版社 2013 年版,第 55 页。

② 罗吉·福勒主编:《现代西方文学批评术语词典》,袁德成译,四川人民出版社 1987 年版,第 280 页。

相邻部分接触面上的相互牵引力，如“表面张力”；艺术作品中，介于抽象与具体之间、全体与各体之间、词语意义的狭义与广义之间等的制衡力量，如“戏剧张力”。因此这一概念可以从物理学领域移入文学领域，也可以从文学领域扩展入广泛的文化领域。张力不仅是存在于文学世界的一种结构特征、美感效果，也是在造型艺术、工艺领域的普遍特质。鉴于此，笔者综合艺术相关要素的多元性、异质性，艺术意蕴的包孕性等体现，拟将张力作为一种针对面广泛的艺术特质，欲以中式概念思维的灵活精神，借张力概念之榫敲击文艺之卯，就自己喜欢的作品、关心的话题做一些思考，并把这些思考记录下来。文字实在浅陋，见识也属庸常！但是作为一个活物，心官总得思考，五指仍要劳动。所以何妨不揣浅陋，勉成残章，就教于众方家?！也算学海无涯、扁舟勠力一行者的踪迹！

以下笔者从戏剧、小说、散文、摄影诸领域各选取一个案例，分析其中包含的张力关系。在文学作品中，这一张力精神可能体现于人物性格的复杂多面、故事情境的矛盾统一中；在造型艺术中，可能体现为瞬间性与恒久性的张力感、可见世界与不可见世界之间的张力关系，内蕴着多种解读的可能性；等等，不一而足。

第二章 戏剧一例:《玩偶之家》

第一节 概述

戏剧是一种综合性的艺术。就剧本而言,它是一种文学文本,与小说、散文等文种一样,在语言、人物形象、情节、结构等方面都需要具备一定的文学性。但戏剧又包括独特的舞台转换环节。无论怎样精彩的剧本,如果没有被表演出来,就像没有穿上水晶鞋的灰姑娘一样,尚有七分的美丽未被激活。一个优秀的剧作家,在他构思和撰写剧本的时候已经在脑海中把舞台呈现排练过无数遍了。他准知道男女主人公在说出某句台词的时候应该是一个什么样的表情,也完全懂得哪一个桥段会使观众们露出会心微笑,抑或是哄堂大笑。这样的剧作家一定得是导过戏、做过舞台监督的。易卜生正是这样一位三栖戏剧奇才。

我们在照片上看到易卜生的长相一点也不伟大。脸被爆炸发型和整片的络腮胡子埋在中间,嘴唇紧抿、目光生冷,看起来笑点很高。

对于中国而言,易卜生是一个值得感谢和纪念的名字。1907

图 2-1　易卜生

年鲁迅在《摩罗诗力说》和《文化偏至论》中两度介绍易卜生的戏剧成就，认为易卜生剧作“往往反社会民主之倾向，精力旁注，则无间习惯信仰道德”(《文化偏至论》)。1914 年，《玩偶之家》首度由春柳剧社在中国演出，旋即引起一场女性解放的思想风潮。如果没有娜拉的故事，也许还在裹脚布拘束中的中国女性没有那么快地获得自由之身。如果没有易卜生提供的戏剧养料，也许肩负创立新戏剧使命的曹禺们还要在黑暗中摸索很长的时间。可以说，对于中国的家庭改革，易卜生居功至伟。对于中国现代戏剧的创立，这位在 1906 年即已谢世的挪威老人也率先垂范，在结构、主题、风格等方面提供了宝贵的镜鉴。在诸多熠熠生辉的戏剧作品中，《玩偶之家》谈不上是易卜生最好的戏剧。论思想深刻，《培尔金特》《皇帝与加利利人》《奥布朗》更胜一筹；论技巧娴熟，《野鸭》的象征风格无疑更加炉火纯青。但是要说到知名度的广泛和对社会实际的影响贡献，就非《玩偶之家》莫属。尤其在中国，《玩偶之家》在促进家庭伦理进步方面是可以大书一笔的。

在戏剧结构上，《玩偶之家》非常接近在19世纪后期流行的佳构剧。这种戏剧通常在靠近结尾的地方有一个非常紧凑的高潮性桥段，高潮的酝酿在前面的情节中已有铺垫，剧中人物被某个秘密所困扰，剧本通常会借着由于某个文件落入某人手中而引起激烈的戏剧冲突。随着秘密揭开，矛盾得以解决，故事迅速走向尾声。佳构剧布局精巧，结构紧凑，又有悬念的吸引和幽默诙谐的台词，非常受观众欢迎。易卜生在卑尔根国立剧院里做导演和舞台监督的时候，执导过法国佳构剧高手斯克里布的许多作品，这些经历无疑对他的创作有着深刻的影响。易卜生的创作也常常具有类似的情节和结构特点，例如：故事中存在一个秘密。在《海上夫人》中这个秘密是女主人公内心隐藏着另外一个丈夫；在《野鸭》中是雅尔马的妻子乃老威利的情人、女儿是老威利的留种；在《玩偶之家》中，是娜拉八年前伪造字句借款。但是易卜生对社会现实的关注使他超越了佳构剧惯有的一些俗套，例如在《野鸭》[①]这部五幕剧中，在第三幕的时候秘密就已被揭开，而不是通常在尾声之前，后面用了充分的篇幅表现格瑞格斯戳破雅尔马和谐生活假象后的尴尬：他的英雄举措没有帮自己的儿时伙伴觉醒，反而导致了他更深的悲剧。这不免令人深思：当生活遭遇狗血情节，我们是该直面真相还是继续若无其事地过日子？如果一个人已经习惯了做柏拉图

---

① 《野鸭》的主要剧情：威利年轻时与艾克达合伙做木材生意，二人因私砍树木被指控，威利把所有罪责推给了艾克达，导致艾克达入狱多年。从此二人一个发财一个潦倒。后来威利帮助艾克达的儿子雅尔马成家立业，开了照相馆，还把自己猎获的一只野鸭送给了雅尔马的女儿。雅尔马一家非常尊敬威利。威利与儿子格瑞格斯多年不睦。格瑞格斯离家十年后回来，从母亲那里得知雅尔马的妻子基纳是父亲的情人，并因怀孕被许给雅尔马，所以雅尔马的女儿其实是威利之女。格瑞格斯不忍童年好友受此凌辱，遂向雅尔马揭开这些秘密。雅尔马从此深恨妻子，对一向疼爱的女儿也不免嫌恶，眼睛近乎失明的女儿惊恐之下开枪自杀。格瑞格斯发出了人在世上活着没有意思的叹息。

所谓洞穴里的囚徒，而且他也没有走出洞穴的条件，你有没有必要告诉他有囚徒之外的另一种生活呢？谁是那只可怜的野鸭？谁又不是野鸭？这些发人深省的问题才是易卜生戏剧的主要魅力所在，也是易卜生作为伟大戏剧家的伟大之体现。《玩偶之家》同样是一部振聋发聩的自审之作。它在家庭生活、婚姻伦理、男女权益方面的探索启发了一代又一代的戏剧观众。一百多年以来，世界各个角落的舞台上，“砰”的关门声[①]此起彼伏，每响必有应，昭示着作品恒久的艺术魅力。

这是一部充满艺术张力的作品。这种张力首先体现在叙事方面。《玩偶之家》的叙事结构暗合着“三一律”的某些古老精神，例如，故事发生在娜拉家的客厅这一个固定的场所，故事集中在比较短的一个时间段内，故事的主题非常突出而集中。因此，这部剧的结构相当紧凑。娜拉的秘密一经说出，便紧锣密鼓地形成了矛盾高峰，故事迅速被推向高潮，急转直下冲向结尾。在情节方面，妻子私自借款的秘密、对手泄密不泄密的悬念、丈夫理解与误解的未知、暗恋者情感的隐或发，这些交织成团，使观众的观剧体验像一次巨浪上的冲锋，倏然上扬又须臾落地，继而再生险象，涉险渡浪，终履平地，危机再起……此一过程，观众的审美体验在诸多张力因素的碰撞中被极大地延宕、丰富。一部以男女不平等权利为话题的作品能在后女权运动时代的今天依然备受欢迎，这种艺术张力的体验是功不可没的。

从张力视野切入对该作品的解读，所获甚多。除了上面略略提及的结构、情节的艺术张力，笔者希望有更多人文角度的探讨。因为一部文学作品，最吸引人和启发人的，还是人。

---

① 《玩偶之家》的最后一句话说：楼下砰的一响传来关大门的声音。

第二节　性格张力:多面娜拉

《玩偶之家》中的人物,看着非常简单,但其实,每一个都不简单,每一个都自成一个包孕丰富的张力型人格典型。

娜拉,无疑是剧中最有魅力的人物。她既淳朴真挚,又圆滑机敏,有小妇人的成熟,亦不乏小女生的烂漫。在剧中丈夫对她的昵称里,有一个共同的字:小。她是丈夫口中的“小松鼠”“小鸟儿”!一个“小”字,给人极为可爱的感觉。在《崇高与美两种观念的起源》这本小册子中,18 世纪英国经验主义美学家埃德蒙·柏克把“小”和优美紧密联系在一起,认为小的东西最容易产生优美之感。娜拉的美就是一种小家碧玉、小鸟依人和小荷尖角的美:善解人意、温顺又不乏俏皮犀利。但,这只是她性格中的一面。

一、在女性和孩子面前的自由舒展

娜拉真的是一只小鸟儿。她的话很多,叽叽喳喳没完。在娜拉与克里斯蒂纳也即林丹太太重逢的片刻时间里,笔者截取如下一段对白,娜拉的话占据 578 字的篇幅,克里斯蒂纳的回应只有寥寥数字。通常来说,多年不见的同学,纵然亲密,也总是有了一些距离,需要一点预热的时间,或在言语间留些分寸。但娜拉却是竹筒倒豆子的话风。

娜拉:克里斯蒂纳!你看,刚才我简直不认识你了。可是也难怪我——(声音放低)你很改了些样子,克里斯蒂纳!

林丹太太:不错,我是改了样子。这八九年工夫——

娜拉：咱们真有那么些年没见面吗？不错，不错。喔，我告诉你，这八九年工夫可真快活！现在你进城来了。腊月里大冷天，那么老远的路！真佩服你！

林丹太太：我是搭今天早班轮船来的。

娜拉：不用说，一定是来过个快活的圣诞节。喔，真有意思！咱们要痛痛快快过个圣诞节。请把外头衣服脱下来。你冻坏了吧？（帮她脱衣服）好。现在咱们坐下舒舒服服烤烤火。你坐那把扶手椅，我坐这把摇椅。（抓住林丹太太两只手）现在看着你又像从前的样子了。在乍一见的时候真不像——不过，克里斯蒂纳，你的气色显得没有从前那么好——好像也瘦了点儿似的。

林丹太太：还比从前老多了，娜拉。

娜拉：嗯，也许是老了点儿——可是有限——只是一丁点儿。（忽然把话咽住，改说正经话）喔，我这人真粗心！只顾乱说——亲爱的克里斯蒂纳，你会原谅我吧？

林丹太太：你说什么，娜拉？

娜拉：（声音低柔）可怜的克里斯蒂纳！我忘了你是个单身人儿。

林丹太太：不错，我丈夫三年前就死了。

娜拉：我知道，我知道，我在报上看见的。喔，老实告诉你，那时候我真想给你写封信，可是总没工夫，一直就拖下来了。

林丹太太：我很明白你的困难，娜拉。

娜拉：克里斯蒂纳，我真不应该。喔，你真可怜！你一定吃了好些苦！他没给你留下点儿什么吗？

林丹太太：没有。

娜拉：也没孩子？

林丹太太：没有。

娜拉：什么都没有？

林丹太太：连个可以纪念的东西都没有。

……

娜拉：一个人孤孤单单的！这种日子怎么受得了！我有三个顶可爱的孩子！现在他们都跟保姆出去了，不能叫来给你瞧瞧。可是现在你得把你的事全都告诉我。

林丹太太：不，不，我要先听听你的——

娜拉：不，你先说。今天我不愿意净说自己的事。今天我只想听你的。喔！可是有件事我得告诉你——也许你已经听说我们交了好运？①

这一大段的篇幅里，克里斯蒂纳的出现引发了娜拉特别丰富的情绪反应，起初是惊喜，然后是滔滔不绝地表达她的关切和怜惜，语气间透露着渴望立刻热切深入交流的迫切，还夹杂着为自己丈夫升迁而欢喜的心情。娜拉性格极为热情开朗的一面表露无遗。在后面的情节中，林丹太太成了娜拉最信任的人。娜拉不仅把自己多年前借巨款的事和盘托出，诉说她多少年来所吃的苦，所做的决定，仿佛要把一颗心掏给对方，而且请她帮助自己裁剪衣服、一起商量与男人们周旋的对策。这种坦白当然与娜拉的外倾型人格有关，正如心理学家所指出的，“外倾型则与客体保持着一种过分信赖的关系”②。跟闺蜜在一起、跟孩子在一起的时候，娜

① 本书所引的剧作原文全部出自《易卜生文集》第五卷收录的《玩偶之家》，潘家洵译，人民文学出版社 1995 年版。

② 荣格：《心理类型》，吴康译，上海三联书店 2009 年版，第 283 页。

拉显得非常安全自如。这种安全感的一个最显著的体现就是言辞的狂欢,娜拉的台词多得长得让读者喘不过气来。当见到孩子们的时候,娜拉更是热情如火,剧中有一大段充满动感的台词:

> 你们真精神,真活泼!小脸儿多红!红得像苹果,也像玫瑰花儿。(娜拉说下面一段话的时候三个孩子也跟母亲叽哩呱拉说不完)你们玩儿得好不好?太好了!喔,真的吗!你推着爱密跟巴布坐雪车!—— 一个人推两个,真能干!伊娃,你简直像个大人了。安娜,让我抱她一会儿。我的小宝贝!(从保姆手里把顶小的孩子接过来,抱着她在手里跳)好,好,妈妈也跟巴布跳。什么?刚才你们玩儿雪球了?喔,可惜我没跟你们在一块儿。安娜,你撒手,我给他们脱。喔,让我来,真好玩儿。你冻坏了,快上自己屋里去暖和暖和吧。炉子上有热咖啡。(保姆走进左边屋子。娜拉给孩子脱衣服,把脱下来的东西随手乱扔,孩子们一齐乱说话)真的吗?一只大狗追你们?没咬着你们吧?别害怕,狗不咬乖宝贝。伊娃,别偷看那些纸包儿。这是什么?你猜猜。留神,它会咬人!什么?咱们玩儿点什么?玩儿什么呢?捉迷藏?好,好,咱们就玩儿捉迷藏。巴布先藏。你们要我先藏?
>
> 她跟三个孩子在这间和右边连着的那间屋子连笑带嚷地玩起来。末了,娜拉藏在桌子底下,孩子们从外头跑进来,到处乱找,可是找不着,忽然听见她咯儿一声笑,他们一齐跑到桌子前,揭起桌布,把她找着了。一阵大笑乱嚷。娜拉从桌子底下爬出来,装作要吓唬他们的样子。又是一阵笑嚷。

这段台词和旁白把母亲与孩子们相处的快乐场景活画在人面

前。在儿童们中间,娜拉仿佛自己也变成了孩子,她的俏皮、活泼、热情深深感染着读者和观众。而娜拉与女仆安娜的交谈则充满温馨的情愫。那种亲切温暖,就像亲生的母女一样,令人动容。

娜拉:(搂着安娜)我的亲安娜,我小时候你待我像母亲一个样儿。

安娜:可怜的小娜拉除了我就没有母亲了。

娜拉:要是我的孩子没有母亲,我知道你一定会——我在这儿胡说八道!(开盒子)快进去看孩子。现在我要——明天你瞧我打扮得多漂亮吧。

安娜:我准知道跳舞会上谁也赶不上我的娜拉姑娘那么漂亮。(走进左边屋子。)

是主仆,又像是母女。这段简单的对话使我们了解从前的生活。在娜拉没有母亲的日子里,安娜以女仆之身却也在情感上相当于母亲的角色,给小女孩温情的爱。试想,一个忙于赚钱的父亲,即便爱女儿,却也没有多少时间给女儿。他偶尔陪伴,不过是因为孩子给他乐趣,孩子像一个活动的玩具。只有女仆的陪伴,因身份地位的谦卑,倒是更可能给幼女一些安慰和快乐。作为一个正养育着好几个年幼孩子的母亲,娜拉之所以敢果决地走出家门而毫不迟疑,正是因为有安娜在,她对安娜的忠诚有着十足的把握,坚信如果自己出走她必会把孩子们照顾妥当。这份信赖真是令人感动。

二、在男性面前的机警和伪装

单看娜拉与女性和儿童的关系,读者可能以为,这样一个单纯的女子能有什么戏？当后面娜拉惊涛骇浪地处理种种险情的时候，真把人吓了一跳。在男人面前，她却不再这样毫无戒备。她性格中机警、狡猾的一面多次显现出来。她对丈夫的顺从实在是一种无奈的习惯和风俗使然，有时候为达到自己的目的不得不行此敷衍之举。用一个字概括娜拉在男人面前的行为，就是装：装可怜，装可爱，装傻。

起初，丈夫托伐病重没有钱医治，可是他人又固执，坚决不肯借钱去宜于康复的南部疗养。为了说服丈夫到南部，娜拉假意说自己像其他人家的年轻妇人一样想出去玩一趟，并暗示丈夫没有钱可以借一点。

后来为着阻止托伐辞掉柯洛克斯泰，她又不得不用装可爱的方式取悦丈夫：

娜拉：要是你的小松鼠儿求你点儿事——

海尔茂：唔？

娜拉：你肯不肯答应她？

海尔茂：我得先知道是什么事。

娜拉：要是你肯答应她，小松鼠儿就会跳跳蹦蹦在你面前耍把戏。

海尔茂：好吧，快说是什么事。

娜拉：要是你肯答应她，小鸟儿就会唧唧喳喳一天到晚给你唱歌儿。

海尔茂：喔，那也算不了什么，反正她要唱。

娜拉：要是你肯答应我，我变个仙女儿在月亮底下给你跳舞。

在第一幕中,当闺蜜克里斯蒂纳找工作需要丈夫帮忙时,娜拉也毫不隐讳地直言相告自己的打算:“他一定肯帮忙,克里斯蒂纳。你把这个交给我。我会拐弯抹角想办法。我想个好办法先把他哄高兴了,他就不会不答应。”

为了自己的家庭也好,为了个人的方便也罢,抑或为了闺蜜的益处,在跟托伐的交涉中,装可爱成了娜拉屡试不爽的一招。

对丈夫如此,对经常登门的阮克大夫,娜拉处理起复杂情况来也是“装”字当头,如鱼得水。

当阮克大夫向她明示爱情,问她是否知道自己一直以来的感情时,娜拉搪塞道:咱们一向处得很合适。这话实在天衣无缝,她并没有否认自己知道大夫的暗恋。在和克里斯蒂纳谈话时娜拉透露,如果当年阮克大夫有钱,而娜拉向他开口,他会帮忙的。可见娜拉一向知道阮克对她的感情。但是她从未戳破这一点,因为说破了,阮克大夫害羞,也许就不来了,而托伐需要阮克大夫来闲聊。可以说,娜拉也是很有城府的,心里是有数的。她不仅通过装傻享有长期的友谊,并且非常细腻地理清自己的情感:有些人是我最爱,也有些人我喜欢跟他们说话做伴儿。绝不糊涂!这句“一向相处合适”,叫人想起唐朝诗人张籍的《节妇吟》,当男方以双明珠表达暧昧的心意时,节妇答曰:“知君用心如日月,事夫誓拟同生死。还君明珠双泪垂,恨不相逢未嫁时。”这话,既捧高了对方,又将自己塑为贞节烈女。既拒绝了示爱者,又给足对方面子。娜拉与节妇,都是善于处理复杂情况的高情商女人!

娜拉装可怜、装可爱、装糊涂。同时,她也非常理性。这体现在她对于金钱事物的处理,正如她和克里斯蒂纳所说的,处理那些分期付款、按季付息的事并不容易。还有平时过日子想方设法地节省,这些真是费了脑筋。娜拉性格里精明理性的一面尤其体现在她对家事的安排处理上。她不但有用极少钱办许多事的本领，而且把家布置得漂亮，丈夫和儿女们穿得体面，自己的穿着虽然简素但并不寒碜，兼顾了舒适与审美品位。这种能力令人不能不对这个将来敢摔门而去的女子刮目相看。

在孩子面前，她像孩子一样单纯、活泼；在闺蜜面前，她赤露敞开又肝胆相照；在年长的女仆面前，她亲切如女儿，却并不损主母的尊位；在丈夫面前，她知彼甚深而善能应对；在诱惑者面前，她话语严丝合缝、绵掌化骨。这就是娜拉，她的性格里包含了单纯与复杂、天真与机警、诚实与善于伪装等多种对立因素，犹如意大利画家和作家笔下的蒙娜丽莎，[①]呈现出鲜明的张力性。而由于柯洛克斯泰的凶狠，娜拉又被置于充满危机的境遇中，小妇人在其中冲撞、躲藏、腾挪、焦灼，更加激发了观剧的紧张感。

第三节 境遇张力：安乐之窝与百尺危楼

在剧中，易卜生曾经非常细致地描述主人公海尔茂夫妇的居所：

> 一间屋子，布置得很舒服雅致，可是并不奢华。后面右边，一扇门通到门厅。左边一扇门通到海尔茂书房。两扇门中间有一架钢琴。左墙中央有一扇门，靠前一点，有一扇窗。

---

① 弗洛伊德在《达·芬奇的童年记忆》中曾经转载意大利作家安吉罗·孔蒂描述蒙娜丽莎的一段话："这位夫人庄重宁静地微笑着。她的征服的本能、邪恶的本性、女性的全部遗传特征，诱惑其他的意愿；欺骗的魅力，隐藏着残酷目的的仁慈，所有这些都忽隐忽现于微笑的面纱背后，埋藏在她诗一般的微笑之中……善良和邪恶，无情和同情，美妙和狡猾，她笑着……"

靠窗有一张圆桌,几把扶手椅和一只小沙发。右墙里,靠后,又有一扇门,靠墙往前一点,一只瓷火炉,火炉前面有一对扶手椅和一张摇椅。侧门和火炉中间有一张小桌子。墙上挂着许多版画。一只什锦架上摆着瓷器和小古玩。一只小书橱里放满了精装书籍。地上铺着地毯。炉子里生着火。正是冬天。

这是不是一个典型的安乐窝呢? 让我们看看这些家具元素。门,是我们需要注意的。数一数,有四扇门,说明有很多出口。门,是供人们出入的。托伐从这里进书房批阅文件,娜拉从这些门穿梭于客厅和厨房,或出外购物。孩子们鱼贯而入,每个人都有他的空间和场地。而同时,门又是一个连接的符号,敲门、进门、关门,在这些动作中都预示着人际的往来,使得夫妻、亲子、主宾成为一个相互产生关系的链条。再来看客厅里的摆设。地毯、扶手椅,沙发,摇椅和一个瓷火炉,这是多么温暖的一个客厅。孩子们可以趴在沙发上、地毯上玩耍,也可以在扶手椅和摇椅之间钻来钻去地游戏。而钢琴、许多版画和瓷器古玩、精装书籍,都预示着主人是有文化品位的,这些如标签,告诉观众或读者,这里居住的是一个中产阶级家庭。一切看上去都那么完美。漂亮能干的妻子,谨慎沉稳的丈夫,活泼可爱的孩子,贴心的女仆。难怪阮克大夫一天到晚喜欢来这里消遣。衣食无忧的阮克在这里的热闹中消磨掉自己的时光,满足地离去。而他的到来,也未尝不是这个完美之家所需要的。因为一个孤单有病的客人,不是更完美地反衬了这一家的幸福美满吗? 客体是为着主体而存在的!

这一对夫妻不也正是受着这样一种幸福美满理想的鼓舞而各自忙活吗? 尤其当孩子们出现的时候,这个家庭的幸福指数要爆棚了。

我们也要关心一下这家的客人。客人在剧中的身份作用非常关键。他们有的是海尔茂家庭的老友，有的是新客，有的是仇敌，但都有一个共性，那就是，几乎所有出现在这个客厅里的人都是海尔茂家庭的一个反衬者。如果说海尔茂家是完整的，那么客人集体呈现出残缺性，三个人都是单身，一个寡妇（林丹太太），一个鳏夫（柯洛克斯泰），一个剩男（阮克）。甚至女仆安娜也是一个弃妇。如果托伐、娜拉代表的是健康，阮克则代表着疾病。如果孩子们显示的是生机，阮克大夫昭示的就是死亡。如果海尔茂是品行声誉的完整，柯洛克斯泰则是声名狼藉。

然而这些人的出现，是要戳破完整、完美、美满的假面。在这种看似和谐美满的状态中，隐藏着巨大的危机。

娜拉看起来非常活泼快乐，但其实内心不啻是一个空壳。娜拉的精神状态用一个词来概括，就是匮乏。这种匮乏有一个非常曲折的表达，就是她对钱的渴望。娜拉的第一句台词就跟钱有关：多少钱？在第一幕和海尔茂的对话中，娜拉有 11 次提到钱："嗯，托伐，现在咱们花钱可以松点儿了。""不久你就要挣大堆大堆的钱了。""没关系，咱们可以先借点钱花花。""是钱！一十，二十，三十，四十。啊，托伐，谢谢你！这很够花些日子了。""托伐，你可以给我点儿现钱。""好托伐，别多说了，快把钱给我吧。我要用漂亮的金纸把钱包起来挂在圣诞树上。""托伐，你先把钱给我。以后再仔细想我最需要什么东西。""我花钱一向是能节省多少就节省多少。"……正像海尔茂所说的那样："你真是个小怪东西！活像你父亲—— 一天到晚睁大了眼睛到处找钱。"在林丹太太到来以后，简单的叙旧之后，娜拉就迫不及待地向昔日好友提及自己丈夫即将大堆大堆挣钱的锦绣前景："一过新年他就要接事了，以后他就可以拿大薪水,分红利。往后我们的日子可就大不相同了——老实说,爱怎么过就可以怎么过了。哦,克里斯蒂纳,我心里真高兴,真快活! 手里有钱,不用为什么事操心,你说痛快不痛快?"在第一幕中,娜拉对钱的敏感和渴慕令人触目惊心,可以看出她长期生活在因为金钱匮乏而导致的巨大压力之下。八年人生被钱困扰,借钱、还钱、省钱、搜罗钱,她的喜怒哀乐都由钱而来。在长期沉重的生存压力之下,她对丈夫的爱其实已经只剩下取悦和不得已的蒙骗。为了一块甜杏仁饼干,她先欺骗丈夫自己没有吃,后欺骗阮克大夫那是克里斯蒂纳送给她的。

金钱匮乏带来的内心焦虑其根源仍是爱的匮乏。因此在剧中,娜拉始终想确证一个问题:托伐爱我吗? 娜拉看起来非常笃定丈夫的爱 :"克里斯蒂纳,他不是瞎说。你想,托伐那么痴心爱我,他常说要把我独占在手里。我们刚结婚的时候,只要我提起一个从前的好朋友,他立刻就妒忌,因此我后来自然就不再提了。"她对阮克大夫说:"托伐怎么爱我,你是知道的。为了我,他会毫不踌躇地牺牲自己的性命。"但其实,当她对旁人言之凿凿说这些话的时候,她的内心却并不是那么笃定。因此当自己的罪过可能被揭露时,她惴惴不安。她一再设想的奇迹,既渴望发生又害怕发生的,就是柯洛克斯泰公开了娜拉的罪过,而托伐勇敢地说:我来承担! 但现实中的情况则是,丈夫不但没有替她出头承担后果,反而对娜拉极尽羞辱谩骂之能事。爱之幻象的破碎使娜拉心碎,并清醒过来,看明白自己家庭的真相:一个要把戏玩游戏的地方。

主人公的生存处境就是这样,在表面的平静底下隐藏着汹涌的暗涛。在由借据事件带来的巨大威胁中,小妇人娜拉如在刀尖丛林舞蹈,步步惊心。原来开头布景所营造的安乐之窝不过是百尺危楼! 富有性格张力的娜拉置身张力性境遇中,这戏没法不精彩!

第四节　爱之迷局:自我牺牲与自我满足

托伐爱我吗?这是娜拉所关切的,是她虽然笃定却又疑惑而终于破灭的。在克里斯蒂纳结束单身的时候,娜拉走向孤单。也可以说,这是一篇关于爱的叙事。但海尔茂家的客厅都演绎了一些什么样的爱呢?从分类来说,真够多的。家庭里的夫妻之爱、亲子之爱,娜拉和安娜的主仆情谊,娜拉和克里斯蒂纳的发小闺蜜之爱,阮克与海尔茂夫妇的友谊之爱,克里斯蒂纳和柯洛克斯泰旧爱复燃的爱。如果从属性上来看,这都是一些什么爱呢?谈到这个话题,笔者想先从女二号入手。因为这位女士的情感经历似乎比娜拉更值得玩味。

一、林丹太太

林丹太太是一个很独特的人。这其中最发人深思的是她身上生发的独特之爱。

2018年夏天,有一个年至四十还单身的明星成了话题人物,同时上话题的还有他那无微不至鞠躬尽瘁贴身照顾的妈妈。四十年来,这位妈妈用她密织如网的爱把已经快中年的儿子爱成了一个超级妈宝男,以至于不惑之年仍然单身。在相关新闻话题的网上留言中,女孩子们一片惊慌:千万别碰这样的男人!

是什么使妈妈多年对儿子如此溺爱,以至于连儿子拍戏的时候表演被打一下都绝对不能接受?是什么样的爱使妈妈几十年如一日每天早上起来熬梨汁?母爱,这是一种带着奥秘的情感!人们常常赞美母爱奉献牺牲的伟大,但是这种看起来无私的爱真的是毫不为己纯粹利人吗? C. S. 路易斯在《四种爱》里曾经有一段话论及母爱,他写道:“婴儿的需求和需求之爱是显而易见的,母亲的给予之爱也是如此,她分娩、哺乳、为婴儿提供保护。但是,从另一方面说,她必须分娩,否则就会死去;她必须哺乳,否则就会疼痛。从这个角度说,母爱也是一种需求之爱。这就是悖论所在:母爱是需求之爱,但她需求的是给予;母爱是给予之爱,但她需要被人需求。”[①]路易斯在文中写到一位菲吉特太太,这位母亲也是如上面提到的明星妈妈一样鞠躬尽瘁地为家庭付出。不过她爱的不止一个儿子,而是自己所有的家人,包括一只宠物狗。当菲吉特太太去世以后,作者去看望她的家人,本以为他们会非常悲伤无助,没想到,却看见他们全家人都精神大振。从前总拉长脸的菲吉特先生会笑了,不着家的大儿子天天按时回家,从前乖戾爱抱怨的小儿子变得很有人情味,一向被视为体弱多病的女儿居然开始骑马、打网球、通宵跳舞。总之,菲吉特一家像是解脱了,而不是失去了顶梁柱。原来并不是菲吉特一家多么需要菲吉特太太,而是菲吉特太太更需要一家子都离不开她的感觉。随后,路易斯用很长的篇幅讨论了这种为人父母者常常会有的需求之爱——在给予之爱背后隐藏的“需要被人需要”的渴求。

为人父母的读者对这种隐藏着需求欲望的奉献之爱应该不陌生。许多人看似一切为孩子着想,其实不过是把在职场上的投资转移到孩子这里,一方面期望孩子成龙成凤,另一方面也是满足自己被人需要的渴求。

闺名克里斯蒂纳的林丹太太,是一个此类爱的饥渴者。

细细琢磨林丹太太的家庭角色,也可以联系中国曾有的大家

---

① C. S. 路易斯:《四种爱》,汪咏梅译,华东师范大学出版社 2007 年版,第 21 页。

庭生活光景。那时一家通常都有三五个六七个兄弟姐妹，许多家庭里会有这么一种大姐大的角色：她不是母亲，但是相当于一个副母亲，而且承担很多母亲无法完成的任务；她不像母亲那么威严，跟姐妹们亲密；又备受父母的信赖，相当于半个管家。弟妹们找父母说不上的话可以找大姐说，不敢找父母办的事可以通过大姐透口风。如果一个家庭不幸母亲早逝，大姐毫无疑问的是当家的，就像《少年维特之烦恼》里的绿蒂。如果家里好几个孩子上学，学费却有限，大姐也是首先自愿退学的那一个，就算她出嫁了，仍然要照应弟妹们。所以有句话叫：长兄如父，长姐比母！在《玩偶之家》里，闺名克里斯蒂纳的林丹太太就是这样一个角色。

她选择婚姻的时候，不是选择自己爱的，乃是带着一家人嫁给男方。

> 娜拉：喔，别生气！告诉我，你是不是不爱你丈夫？既然不爱他，当初你为什么跟他结婚？
>
> 林丹太太：那时候我母亲还在，病在床上不能动。我还有两个弟弟要照顾。所以那时候我觉得不应该拒绝他。

她是按照应该活着的。但这个应该不是那个应该，这个应该是权衡现实利弊、合法寻求利益最大化的应该。所以还是一个铁律之下的必然。那一个应该，乃是理想状态。是真正的应然！

丈夫死了，她什么都做，拼死拼活地帮助家里，直到母亲过世，两个弟弟有了事情做。娜拉说：现在你自由了。但是林丹太太却说："不，不见得，娜拉。我心里只觉得说不出的空虚。活在世上谁也不用我操心！（心神不定，站起身来）"她总要为某一个别人活着，活得才有动力。所以，在别人是解脱、休闲，在克里斯蒂纳反而是空虚。她的奉献之爱本质上仍然是需求之爱。她需要自己被别人需要。当没有人需要她,日子就会变得无法忍受。所以当她来到娜拉的家,她不仅找到了工作忙碌起来,而且找到了忙碌的意义——嫁给柯洛克斯泰,帮他照顾孩子们。这边是一个被需要的需要,那边刚好有需要。

> 林丹太太:你(柯洛克斯泰)说你像翻了船、死抓住一块破船板的人。
>
> 柯洛克斯泰:我这话没说错。
>
> 林丹太太:我也是翻了船、死抓住一块破船板的人。没有人需要我纪念,没有人需要我照应。
>
> 不被需要的感受跟渴望被爱是一样强烈的。

但需求之爱也是爱,而且还可以很强烈。她那么义无反顾。"我学会了做事要谨慎。这是阅历和艰苦给我的教训。"八年不见,各自婚嫁,经历多少变化。尤其是柯洛克斯泰,成了一个声名狼藉之人。要跟这样的人鸳梦重温,岂不应该好好了解一下,权衡一下吗?不,已经学会做事谨慎的克里斯蒂纳主动、立刻就决定嫁给他。娜拉有多需要钱,克里斯蒂纳就有多需要别人对她的需要。这是她生活的意义和动力。

面对突然有一个女人求嫁这样的好事,柯洛克斯泰先是说:"我不信你这一套话。这不过是女人一股自我牺牲的浪漫热情。"然后坦诚告知自己的劣迹,问:"难道你这么有胆量?"克里斯蒂纳说得很清楚:我想弄个孩子来照顾,恰好你的孩子需要人照顾。你缺少一个我,我也缺少一个你。

就是这么简单!既不是自我牺牲的浪漫冲动,也不是勇敢有胆量，仅仅是出于需要。

她不是有心机、博美名，她真的是一个需要控！

二、托伐与娜拉

不过，并非只有克里斯蒂纳的爱是需求之爱，娜拉和托伐也不例外。

在观众的印象中，托伐是一个刻板、谨慎的银行经理。当升职成为十拿九稳的事，客厅里夫妇俩关于以后美好生活的憧憬倒也显得琴瑟和谐。说到花钱，娜拉的意思是，反正以后要挣大钱了，不如先借钱痛快花。托伐却说：钱借了，万一我突然死了，你怎么办？托伐有远虑，宁可眼下拮据一点，也不做借贷的奴隶，因为那样就不自由了。他的财政自由是以量入为出为策略的。但托伐绝非只有这一副面孔。剧中其他地方的细节显示，这位年富力强的银行经理也是颇有情调的。

托伐的第一次现身是以声音出现的。那时他在书房里忙碌，听到妻子在客厅里的歌声，便响应了：我的小鸟儿又唱起来了？小松鼠什么时候回来的？从这些丰富的昵称可见，托伐也是个有趣的人。托伐和林丹太太之间有一番关于刺绣与编织的见解，也见出托伐是有些审美眼光的。

> 海尔茂：你也编织东西？
>
> 林丹太太：是。
>
> 海尔茂：你不该编织东西，你应该刺绣。
>
> 林丹太太：是吗！为什么？
>
> 海尔茂：因为刺绣的时候姿态好看得多。我做个样儿给你瞧瞧！左手拿着活计，右手拿着针，胳臂轻轻地伸出去，弯

弯地拐回来,姿态多美。你看对不对?

林丹太太:大概是吧。

海尔茂:可是编织东西的姿势没那么好看,你瞧,胳臂贴紧了,针儿一上一下的——有点中国味儿。

更有趣的是,海尔茂夫妻参加楼上邻居的化装舞会,丈夫要求妻子跳的是一种狂放的意大利土风舞蹈:塔拉台拉土风舞。这种舞蹈源于意大利南端的阿普利亚,据说当地人被一种叫塔拉台拉的毒蜘蛛叮咬后,会因中毒而突然跳起疯狂的舞步。他们跳得大汗淋漓,直到力气用尽,毒尽而愈。后来便产生了专门配合这种舞蹈的音乐,塔拉台拉舞蹈于是成为一种远近闻名的乐舞形式。在电影《海上钢琴师》中,钢琴师1900来到下等舱,就被旅客点奏一曲塔拉台拉舞,随着热烈欢快的钢琴节奏响起,整个船舱的旅客都被音乐感染,他们拼命地踏、扭、蹦、摇,陷入集体的狂欢中。这种舞蹈为男女对跳。跳舞的时候,女舞者通常手持铃鼓,舞蹈动作中有不少充满调情意味的大幅度动作,文艺复兴时期的诗人乔万尼·蓬塔诺甚至称这种舞蹈中寄托了阿普利亚人疯狂的性欲望。[①] 很难想象,谨小慎微的海尔茂会当众与妻子跳这样一种狂放的舞蹈。我们在这些有趣的细节中也可以欣赏到人物性格的多重魅力。

当然,银行经理的率性有趣也仅仅是在业余闲暇时刻的偶尔流露。托伐性格里最强的特点和最致命的一个弱点是:自以为义。他生活的重心不是工作,也不是家庭,而是他自己。说起来,他心疼娜拉总是把自己那份钱用在全家身上,期望收入高了以后妻子

① 余凤高:《疯狂的塔拉台拉舞》,《中华读书报》2019年5月1日,第20版。

可以不必辛苦做工补贴家用，这种对妻子的关切倒也不是伪善，但这都在妻子对他有益无损的前提下。

当娜拉的伪造字据事件被柯洛克斯泰的第一封信揭露出来，可能影响到自己的时候，托伐对娜拉的脸色大变。

作者写这段时煞费苦心。他首先安排了一段肉麻的告白。托伐和娜拉参加楼上邻居家的舞会，娜拉按照托伐的主意，装扮成意大利样式，两人大跳塔拉台拉舞。有酒助兴，盛装热舞的娜拉在托伐眼中尤其妩媚动人。所以迫不及待地等克里斯蒂纳走后，托伐对娜拉的一番甜言蜜语几乎带着调情的味道：

> 我的娜拉。咱们出去作客的时候我不大跟你说话，我故意避开你，偶然偷看你一眼，你知道为什么？因为我心里好像觉得咱们偷偷地在恋爱，偷偷地订了婚，谁也不知道咱们的关系。到了要回家的时候，我把披肩搭上你的滑溜的肩膀，围着你的娇嫩的脖子，我心里好像觉得你是我的新娘子，咱们刚结婚，我头一次把你带回家——头一次跟你待在一块儿——头一次陪着你这娇滴滴的小宝贝！今天晚上我什么都没想，只是想你一个人。刚才跳舞的时候我看见你那些轻巧活泼的身段，我的心也跳得按捺不住了，所以那么早我就把你拉下楼。

对于托伐来说，这真是美妙的夜晚。美好的职业前景，娇艳温顺的妻子，美酒和鼓乐，这是庸常岁月里被特别挑选出来的日子，是承蒙眷顾的日子，是销魂之夜；这不是寻常的日子，妻子也不是平时的样子。就像金榜题名又洞房花烛，托伐不能不带着陶醉的心情。接着，就发生了阮克大夫悲凉的告别，他用一封名字上画黑十字的信向好友夫妇报了丧。照例，别人的不幸越加衬托出自己的幸运,也许同时还有对于人生无常真相的忐忑。酒和死亡的刺激使托伐说出一段话:“亲爱的宝贝!我总是觉得把你搂得不够紧。娜拉,你知道不知道,我常常盼望有桩事情感动你,好让我拼着命,牺牲一切去救你。”

这句话使娜拉踏实了,催他去看那将把她置于死地的信,因为她已经得到了丈夫倾命相爱的告白。

托伐的话是假话?很难判断。在当时他说的可能就是他想的。然而我们从后面他对娜拉的残忍程度可以知道,这是一种虚假的爱。那么,这段表白的深层根源是什么呢?恐怕,他不是爱娜拉,而是爱自己爱娜拉的那种感受。换句话说,他被自己如此爱妻子的爱而感动了。就像米兰·昆德拉在《不能承受的生命之轻》中曾经为着解释 kitsch 而举的那个例子。媚俗让人接连产生两滴感动的泪滴,第一滴眼泪说:瞧这草坪上奔跑的孩子们,真美啊!第二滴眼泪说:看到孩子们在草坪上奔跑,跟全人类一起被感动,真美啊。这第二滴眼泪无疑是因为被第一滴眼泪感动到了而流出的。这是人被自己感动了。这是一种自怜、自赏式的感动。

这种自我感觉的良好和崇高表明银行经理的自我认知存在很大问题。无疑,他的一切看起来都很顺利,升职肯定了他的才干,家庭也很美满,又有比较好的声誉。这使他过于膨胀地看待自己的美好。有一个词叫作同侪压力,指的是由于同辈人取得的成就而给自己带来的无形压力。有同侪压力,就会有同侪优势——在同辈之中有了给别人制造压力的资本。托伐无疑是具有同侪优势的。与阮克大夫比,他的健康是优势。同柯洛克斯泰比,他的职位和声誉是优势。这些优势使他掌握着本为同龄人的克里斯蒂纳和柯洛克斯泰的工作机会,决定着他们的祸福。这些都不免使他过高地看待了自己,甚至以为自己是个没有缺点的人。

同时,托伐这句肉麻的抒情也显出某些滑稽的效果。一个很会算计风险与收益的庸俗的利己主义者,居然幻想自己是救美的大英雄,会为了谁去拼命!这种心态也许只能用弗洛伊德的白日梦理论做个解读。弗洛伊德谈到有些作家的创作其实是出于一种"自我陛下"的自我中心意识。"每部作品都有一个主人公,这个主人公是读者的兴趣所在。作家用尽一切可能的表现手法来使该主人公赢得我们的同情,似乎要将这一主人公置于什么特殊神的庇护之下。假如我在小说某章结尾处把主人公遗弃,让他受伤流血,神智昏迷,那么在下一章的开头我肯定会让他得到精心的护理治疗,逐渐恢复健康……我带着安全感跟随主人公走过他那危险的历程,这正是在现实生活中英雄跳入水中拯救落水者时的感觉,或者是为了对一群敌兵猛烈攻击而将自己暴露在敌人炮火之下时的感觉。这种感觉是真正的英雄感。我们最优秀的作家曾用一句盖世无双的话表达过:'我不会出事!'然而通过这种刀枪不入的特性,我们可以立即认出'本我陛下',因为每场白日梦及每篇小说里的主人公都如出一辙,都是一个'唯我独尊的自我'。"①

手中只有一杆笔的作家就是这样,不管他在生活中是多么的胆小如鼠、窝囊没落,但都可以附在仿佛有不死药的主人公身上,借着创作在虚拟世界里当一回大英雄。此处的托伐就是这样的。在托伐的幻想里,娜拉正是那个需要他拯救,从而满足他自我膨胀需要的道具。托伐的假想有堂吉诃德的虚幻,但没有堂吉诃德的真诚。不消几秒钟,托伐看到了柯洛克斯泰的揭发信,牛皮立刻被戳破。他的嘴脸瞬间就变了,新娘子变坏东西,小宝贝变伪君子,亲娜拉变贱女人。百分百的自足自利之爱!而辞退柯

---

① 弗洛伊德:《创造性作家与白日梦》,见《弗洛伊德论美》,邵迎生、张恒译,金城出版社 2010 年版,第 85 页。

洛克斯泰,也是出于托伐自利的需要。两个人曾经是同学,柯洛克斯泰却是个不大识相的人,如今地位有了显著差别,他也不顾领导的体面,在单位里动不动叫着托伐的小名套近乎。对于托伐这样一个有道德洁癖的人,岂不是犯了大忌?托伐唯恐被柯洛克斯泰的狼藉声名影响到自己,于是痛下杀手,釜底抽薪地将其解雇。

在柯洛克斯泰决定放过海尔茂夫妇拿回敲诈信的时候,克里斯蒂纳说:海尔茂应该知道这件事。这件害人的秘密事应该全部被揭露出来。他们夫妻应该彻底了解,不许再那么闪闪躲躲,鬼鬼祟祟。但彻底了解之后,是崩盘!如果知道是这结局,也许她就不会阻止柯洛克斯泰去拿回敲诈信了,娜拉也就永远不知道真相。

娜拉的爱如何?她同样如干渴的河蚌一样寻找爱的滋润。她冒着极大的风险伪造字据救自己的丈夫,多年以来又含辛茹苦地偷偷还债,对家庭和丈夫的爱不可谓不深厚。但是,她的付出同样有一个潜在的动机,就是爱的回报。她渴望看到丈夫对爱的表达。尽管她不需要托伐真的为她承担责任,可是她还期待托伐的一个表态:我愿意承担。借据的暴露使托伐的爱立刻就见底了。他的爱浅的就像碟子里的水!从这一刻,娜拉觉醒了。因为她的期待完全落空了。尽管娜拉有理由失望、离婚和出走,但从对爱的追求和理解的角度来说,仍然要把她和明显比她低劣的托伐归在一起,他们的爱都属于自足之爱。

三、爱的症结与正解

寻求自我满足的爱是爱吗?究竟何谓爱?爱的本质是什么?公元1世纪的犹太哲人保罗对爱曾经有一段经典阐述:“爱是恒久忍耐,又有恩慈。爱是不嫉妒,爱是不自夸,不张狂,不做害羞的事，不求自己的益处，不轻易发怒，不计算人的恶，不喜欢不义，只喜欢真理；凡事包容，凡事相信，凡事盼望，凡事忍耐。”总括这段常被称为“爱的真谛”的文字，其中揭示出爱的一个核心原则就是利他性——不求自己的益处。爱是成全对方，不是自利自肥！因此爱并不单纯是一种热烈的情感，而是一系列在关系中体现出来的品格，包括宽容、忍耐、恩慈、谦卑等，这些品格是爱得以成全的前提。

从这一角度反观《玩偶之家》，就会看到海尔茂夫妇的婚姻悲剧并不是由于社会压力、阶级压迫，或单纯因为男人对女人的压迫，而是因为人类爱的无能。海尔茂自诩有道德之人，但是这个有道德，甚至自认为没有缺点的完人，在起码的婚姻家庭原则上却乏善可陈。在爱家庭、爱妻子这一点上，他是无知的。如果说他有爱——其实他确实以为自己对家庭很有爱——他对爱的理解也不过是豢养。这也是许多社会环境中对爱的误读，以至于今天做丈夫的中间依然流行一种观念：我按月把钱拿回家就够意思了。这与托伐·海尔茂先生相差无几。由于对爱的无知和无能，托伐的婚姻目的只能沦为自我满足，他人沦为自己取乐的手段和工具。“男人为自己设计出女人的形象，女人再按这种形象来塑造自我。”[①]在娜拉满足了托伐时，她是可爱的小鸟，当她可能给托伐的利益带来损害时，她立刻成了坏女人，连儿女都不配教养。家庭里看来满溢的温情瞬间消失。娜拉呢？正如前文曾经提到的，娜拉有一种深层焦虑，就是关于丈夫是否爱她。当她确知丈夫无爱之后，自己的感情也立刻发生了改变。她明确地告诉托伐：我不爱你了。

---

① 尼采：《快乐的知识》，黄明嘉译，中央编译出版社1999年版，第66页。

娜拉内心真正的动机是出于爱,为了爱。但她对爱的理解也仅限于生活层面,在这一点上她和丈夫仅仅是五十步和一百步的差别。她期待的是当真相大白的时候丈夫能勇敢地担当,其实她愿意自己承担责任,不惜自杀以维系丈夫的声誉,但是她需要一个丈夫很爱她的确据。也就是她渴望在具体的人身上看到对她内心之爱的外在表现。但托伐的表现令她失望!用克尔凯郭尔的术语说,娜拉追求的是爱的果实。当丈夫不再提供爱的果实,娜拉也选择不爱,她的出走也许是到别处寻找一枚爱的果实。这样一种追求使人终将枯竭于追逐的道路上。

写到这里,笔者想起了另外一位北欧作家笔下的女主人公:安徒生的小美人鱼!与娜拉和托伐相比,小美人鱼的爱体现出一种更高的纯粹性。从利害的眼光来看,她的人生是彻头彻尾的失败了,因为她付出了极大的代价,却既没有得到婚姻的实在好处,也没有得到王子爱情的虚的好处,甚至到最后,她连自己的命都搭进去了。这样的人有什么好效法的呢?然而,从成全爱的角度来看,小美人鱼用一生诠释了何谓真爱。正如上文"爱的真谛"所说的那样:爱是不求自己的益处。与其说小美人鱼爱的是王子或者不灭的灵魂,毋宁说,她爱的是爱本身。她为之奉献的也是爱本身。这个概念就像古希腊贤哲在探讨美时所提出的"美本身"一样,虽然高蹈,却是实存的。

克尔凯郭尔提出了爱的生命,作为与爱的果实具有因果关系的概念。爱的生命体现于爱的果实,但只有爱的生命才是爱本身,也是人所应当首先看重的。"爱在那些果实上是可辨认的,但尽管如此,让我们不要在相互间的爱之关系中不耐烦地、猜疑地、评判着地去要求持续不断地看果实……人必须信仰爱,否则人根本不会感觉到它存在……去信仰爱。""因为爱的生命固然在那些果实上是可辨认的，是它们把这生命揭示出来，但这生命本身则比单个的果实要更重大，并且比所有果实的全部还要更重大。”[①]对于娜拉来说，如果她不能把对爱的果实的渴望转到对爱本身的信仰和渴慕中，她将永远不可能得到爱的满足。即便娜拉出于对孩子的责任回到家庭，如果没有这样一个改变，婚姻的重建也是不可能的。对托伐这样一个自大的人来说，重建婚姻的目标就更是任重而道远了。

第五节　意蕴张力：权利之争与信仰危机

一、杏仁饼干里的女权呼声

许多人把《玩偶之家》看作一部争取女性权益的作品。搜索知网的资源，大部分的论文都在谈娜拉的女性意识、出走的解放意义。这么看，有它的道理。

从易卜生创作此作品的年代来看，彼时的欧洲的确激荡着一股女权主义的解放之声浪。

欧洲的女权伸张早在14世纪就开始了。在法国，当时有一位名叫克里斯蒂娜·德·皮桑(1365—1430年)的不幸而富才情的女子，她常被看作欧洲第一位职业女作家。皮桑在父亲和丈夫相继去世后以创作为生，她发表了许多优秀的文学作品，在《爱神的信》《玫瑰传奇》《妇女城》等作品中，都有非常鲜明的对女性的赞美，皮桑成为为女性立德、立功、立言者的先驱。16世纪的意大利

---

① 克尔凯郭尔：《爱的作为》，京不特译，中国社会科学出版社2013年版，第10页。

人文主义者巴尔达萨雷·卡斯蒂利奥奈在《侍臣论》中曾经表达过一个观点:女性在品德、才华、能力等方面毫不逊色于男子。蒙田的养女玛丽·德·古尔内(1565—1645年)写了《男女平等》一书。这些都可以看作女权意识的微声。这一意识发酵成为一场女权运动,则是在法国大革命后。1791年,法国女子奥兰普·德古热发表了《女权宣言》(或称《女权与女公民权宣言》),“序言”中非常直接地对男人们提出了质问:“男人,你们真的公平吗?是女人提出了这个问题;你至少不能剥夺她提出问题的权利。告诉我,是谁给了你们压迫我性别的权利?”宣言呼吁女性起来争取参加国民大会的权利,并且罗列了17条权利要求,包括自由权、财产权、安全权、反抗压迫的权利等。这一文献被看作世界上第一份要求妇女权利的宣言。第二年,也就是1792年,英国的玛丽·沃斯通克拉夫特出版了《女权辩护:关于政治和道德问题的批评》一书。在这本被誉为英美女权主义奠基作的著作中,玛丽表达了这样的观点:在上帝眼中,并无男女的差别,他们在道德上遵从相同的准则,但现实生活中却常常有似乎女性弱于男性的现象,这不过是因为女子教育的缺乏。女性拥有相同的理性基础,接受适当的教育会使女性成为更好的国民。

这一股女权运动的声浪不久就影响到了北欧,挪威1884年成立了女权协会。易卜生的《玩偶之家》上演以后,女权运动组织还为娜拉的故事欢呼雀跃,甚至设宴款待易卜生。在这样的时代背景中,《玩偶之家》不可避免地被联系到女权意识上进行解读。的确,该作品在极为紧凑的结构中突出地反映了女性在经济权等方面的不自由。

例如剧中有一个小小的道具,就是那块饼干,杏仁饼干。在第一幕开头,娜拉到家就拿出一袋杏仁甜饼干,吃了一两块,突然意识到:应该先检查一下丈夫在不在家。当发现托伐就在书房,她急忙把饼干掖回口袋,擦干净嘴巴上的残渣。夫妻俩在关于买东西和省钱开销这些话题上展开一段非常有生活气息的聊天以后,托伐突然问:"没有吃杏仁甜饼干吗?"娜拉马上回答:"没有,托伐,真没有,真没有。"后来,托伐不在场的时候,娜拉与阮克和克里斯蒂纳在一起,发生了下面一幕。

娜拉:(一边笑一边哼)没什么,没什么!(在屋里走来走去)想起来真有趣,我们——托伐可以管这么些人。(从衣袋里掏出纸袋来)阮克大夫,你要不要吃块杏仁甜饼干?

阮克:什么!杏仁甜饼干?我记得你们家不准吃这甜饼干?

娜拉:不错。这是克里斯蒂纳送给我的。

林丹太太:什么!我——?

娜拉:喔,没什么!别害怕。你当然不知道托伐不准吃。他怕我把牙齿吃坏了。喔,别管它,吃一回没关系!这块给你,阮克大夫!(把一块饼干送到他嘴里)你也吃一块,克里斯蒂纳。你们吃,我也吃一块——只吃一小块,顶多吃两块。

为了这块小小的饼干,娜拉两次撒谎。东西虽小,却说明了这个家庭的格局:丈夫在大小事上做主,妻子尽量周全,难免敷衍塞责。这对夫妻的问题是两个层次或方面的。首先是观念领域的问题,其次是经济生活领域的。毫无疑问,托伐认为妻子应该无能,无能就是她的可爱之处,也因为她的无能正显出男人的伟大。"你只要一心一意依赖我,我会指点你,教导你。正因为你自己没办法,所以我格外爱你,要不然我还算什么男子汉大丈夫?"

这可就麻烦了,因为女人作为比亚当更精致的受造物,跟男人一样有智慧和本事,起初被造时就领受了帮助亚当的使命。如果亚当本身就毫无瑕疵,还用得着夏娃来帮吗? 如果夏娃很笨很无用,怎么帮助亚当呢? 从来都是学习好的帮着学习差的,如今这一位挪威的亚当却要他的帮助者仰自己的鼻息过日子,连吃一块饼干都要请示一下。就像娜拉后来控诉的那样:“跟你在一块儿,事情都由你安排。你爱什么我也爱什么,或者假装爱什么——我不知道是真还是假——也许有时候真,有时候假。现在我回头想一想,这些年我在这儿简直像个要饭的叫化子,要一日,吃一日。托伐,我靠着给你要把戏过日子。”

由于这种观念层次的男强女弱、男尊女卑,在生活层次上娜拉就活成了叫花子。一个外表光鲜洁净内在乞讨度日的叫花子。男人就舒坦了吗? 男人把自己架得很高,其实也把自己搞得很累。因为他操心的也太多了! 不能把妻子作为一个与自己同等的人,而当作比自己低弱的生命个体。人权上的不平等必然导致生活层面的欺骗、阳奉阴违。而在交往伦理中则出现一个咄咄怪事,同床共枕的夫妻完全不能对话。在尾声那一部分,我们深刻地体会到他们交流的困难,每个人活在自己的世界中,没有任何交集。

与第一幕中娜拉反复念叨钱形成呼应的是,在第三幕中,海尔茂反复表达着他的无解、失语。在这一幕中,娜拉的话如开闸的洪水,滔滔不绝,慷慨激昂,海尔茂却陷入话语的迷失中,对他妻子的话不知所云。

“这是什么话!”“简直不像话!”“你怎么说这句话!”“那是气头上的话!”“你说什么? 这话真荒唐!”“你这话怎么讲?”“你说这些话像个小孩子!”“你病了,你在说胡话。”“你忍心说这话?”“这话我不懂,你再说清楚点。”“喔,你心里想的嘴里说的都像个傻孩子……”

在这些对娜拉慷慨陈词的尴尬反馈中，我们可以体会到两人之间的隔膜是何等深。正如娜拉所说：“托伐，就在那当口我好像忽然从梦中醒过来，我简直跟一个生人同居了八年，给他生了三个孩子。”娜拉的话实在没有错。当婚姻的存在仅仅是为着自我的满足，每个自我都会首先寻求自己的实现，夫妻之间变得咫尺天涯。娜拉了解丈夫，但她只能取悦和迎合，不惜谎言敷衍。面对娜拉的控诉，海尔茂先生非常愤怒：“这是什么话！你父亲和我这么爱你，你还说受了我们的委屈！”一方以为自己很爱对方，对方却深受伤害。

男人本来同女人一样孱弱，却要扮演一个高等人的角色。娜拉的摔门声宣告了这一黄粱梦的破灭。女人宣布：我不干了！小鸟依人的娜拉要变成独立的娜拉、要尊严和地位的娜拉！一个半世纪以来，娜拉已经成为寻求自身权益的女性的榜样！

二、爱罪哀愁中的信仰架空

1. 家庭伦理的困境

在挪威女权运动联盟的宴请会上，易卜生说：“我是个诗人，而不是一般人所相信的我是社会思想家。你们设宴祝贺我，祝贺，我非常感谢，而我绝不能接受你们认为我有心为女权运动卖力气的那种荣誉。实话说吧，我现在连女权运动究竟是怎么回事还不清楚呢。我觉得这不过是人类(或人性)问题之一，但并不是人类的唯一问题。如果你们仔细些去读我的书，自然会了解这一层了。”[1]从

---

[1] 陈惇、刘洪涛编：《现实主义批判：易卜生在中国》，江西高校出版社 2009 年版，第 160 页。

这个公开的表态中可见,从作家角度来说,他并没有宣传女权主义的主观意图。在易卜生的创作中,海尔茂家的情况似乎也并不特别具有突出地位。易卜生甚至还写过一些女强男弱的家庭故事。例如在《高达·高布乐》里,我们就看到另外一个相反的家庭。在这个家庭中,妻子显然具有鲜明的主导权,她不但按照自己的意愿决定家庭的布置和生活的计划,而且保留着父亲的姓氏,丈夫则是一个服从者。所以易卜生可能真没有为女权张目的想法。

有必要补充一点的是,在世界范围内,北欧诸国的女性权益运动发展极快,目前已经是全世界女性地位最高的地区。联合国开发计划署《2011 年人类发展报告》中列出各国的性别平等指数,冰岛、挪威、芬兰、瑞典北欧四国包揽了全球前四名。1978 年挪威颁布《男女平等法》,这部法律使得女性在就业、薪酬、教育等生活各个方面的权益得到充分保障。今天的挪威女性再也不是娜拉那样受气的小媳妇儿,或被丈夫豢养的小鸟和小松鼠。她们在社会生活的各个层次和领域都和男性平起平坐,甚至比男性地位更高。挪威前首相埃尔娜·索尔贝格就是一位女性,国会成员的四成都是女性,许多重要职能部门也由女性担当要职。而挪威男人则依法拥有 14 个周的带薪产假,普遍担负起育儿的责任。

目前在北欧,突出的问题不是女性权益受损害,而是,过分追求跟男人的相同破坏了两性之间的协调,开始烦恼:男人的阳刚之气去哪儿了?这肯定是娜拉难以预料的。因此,对于《玩偶之家》来说,从女权主义角度的阐释是有必要的,但不是长期有效的。如果这是一部女权主义的作品,为什么在男女权益状况已经发生较大改变的今天,这仍然是一部受人关注的作品?在中国语境中,在五四运动过去一百年以后,女性权利状况有了极大改善,社会生活发生如此巨变,为什么《玩偶之家》的上演依然令人趋之若鹜地追赏？进入 21 世纪以来，中国话剧界级别最高的两院——国家话剧院和北京人艺分别在 2006 年和 2014 年重新排演该剧，观众依然排队买票、观之唏嘘！这样一种状况提醒我们，有必要寻求从更为恒常和普世性的角度来理解这一家务矛盾。笔者以为，从家庭伦理的重建需要来解读，可能是比社会性的女权问题解读更为合宜的。娜拉的痛苦不仅仅是托伐的压迫造成的，还有着更为深刻的根源，那就是人类普遍会有的在爱方面的无能。而这一问题又指向人类灵魂深处的某种困境。

2. 伊甸旧怨的翻版叙事

有句谚语说：已有的事，后必再有；已行的事，后必再行；日光之下，并无新事。《玩偶之家》写的是 19 世纪一对挪威小夫妻的故事。然而发生在他们之间的一切其实在太初第一对夫妻那里就已经发生过。从某种程度上可以说，《玩偶之家》是一个关于爱与罪的叙事。其中的细节与伊甸园叙事有着微妙的相似。

同样是一个相对封闭的环境，一对原本深情的夫妻，一个诱惑者和一个案件的发生，一场审判，一次决裂。女人犯罪带累了男人，爱情大起底，原来彼此间不过是一场游戏。

在亚当第一次见到夏娃的时候，他赞美说：这是我骨中的骨肉中的肉！这是一首极为动人的情诗，代表了丈夫对妻子最深的爱、接纳、欣赏。在托伐的家庭里，借据事件公开之前，从舞会上回到家，也曾有一段看来动人的表白，丈夫把妻子称作“娇滴滴的小宝贝”。

两位丈夫对妻子甜言蜜语的诉说听来令人动容，似乎他们的家庭乃是一个浪漫的温柔乡。但在温情脉脉的背后，其实都是暗流涌动。彼时的撒旦何等诡诈阴险，此处的柯洛克斯泰之残忍凶狠也不遑多让。当初伊甸园里美味悦目的禁果,在这里是一笔可保美满家庭的借款。而犯罪事件被揭发之后,丈夫们如何反应?亚当面对造物主的诘问,立刻推脱责任说:是女人让我吃的。而托伐也如法炮制,甚至变本加厉地控诉娜拉。

> 海尔茂:(走来走去)嘿!好像做了一场噩梦醒过来!这八年工夫——我最得意、最喜欢的女人——没想到是个伪君子,是个撒谎的人——比这还坏——是个犯罪的人。真是可恶极了!哼!哼!

同时我们注意到,面对妻子带来的麻烦,丈夫们无一例外地都把责任追究到父亲那里。亚当对造物主说:是你所赐给我的那女人让我吃的。亚当特别强调夏娃是“你赐给我的”,换言之,吃禁果这事你难辞其咎,他已经忘记了当初乃是以自己骨肉来体认妻子来历的。托伐则说:

> 你父亲的坏德性——(娜拉正要说话)少说话!你父亲的坏德性你全都沾上了——不信宗教,不讲道德,没有责任心。当初我给他遮盖,如今遭了这么个报应!

孱弱的男人急于撇清自己,保全自己,完全无法承受审判的临到。始祖夫妻不再是骨肉之亲,而是成了一对怨偶。夏娃的犯罪得到的刑罚是:你必恋慕你丈夫,你丈夫必管辖你。恋慕、管辖,都是不自由的状态,夫妻之爱成了镣铐下的舞步。娜拉也选择了与托伐决裂,连结婚戒指都脱下来,一个人离家出走。

3. 托伐的三板斧

觉醒后的娜拉确立了自己新的人生目标：首先我得是一个人，和你一样的人。娜拉清醒地看到自己在夫妻关系中的身份：一个玩偶。她不是作为一个人存在，而是一个玩具，但她应该是作为一个人存在的，意识到这一点是娜拉的幸运。然而要成为一个什么样的人呢？从娜拉的阐述里我们看到其实她还是非常茫然的。她开始觉得自己的生活不对劲，但还不太清楚哪儿出了问题，要成为人，人是什么？人应该怎么活？人，是一个类别名称。娜拉是人，人却不是娜拉。当娜拉说，我要成为一个人，这就意味着，必然存在类别意义的人、典范意义的人。当我们对一个行为败坏的人说：你简直不是个人，我们就是在用典范意义上的人的概念，我们心目中有关于人的必要条件，而某被评价对象表现得低于这些条件，于是我们就说他不是个人。当娜拉说：我首先必须是个人。娜拉也是这个意思，她以人基本的尊严、权利、属性来自我判断和认知，娜拉是从此获得她作为娜拉的规定性的。因此，探讨抽象的人、应然的人，是探讨娜拉之为娜拉所必须走的第一步。

关于人的属性的说法有很多。究竟塑造娜拉关于人的认识的观念和学说是什么？我们在文本中找不到很明确的答案。但是，在质疑娜拉出走的决定时，托伐曾提出过多个方面和层次的理由阻止这一事件的发生。我们在夫妻俩的这一番较量里是可以找到些蛛丝马迹的。请注意托伐劝阻娜拉所采取的步骤：

> 海尔茂：丢了你的家，丢了你丈夫，丢了你儿女！不怕人家说什么话！（**诉诸社会舆论，提醒注意自我颜面**）
>
> 娜拉：人家说什么不在我心上。我只知道我应该这么做。

海尔茂:这话真荒唐!你就这么把你最神圣的责任扔下不管了?(**诉诸责任感,提醒注意妻子母亲职分**)

娜拉:你说什么是我最神圣的责任?

海尔茂:那还用我说?你最神圣的责任是你对丈夫和儿女的责任。

娜拉:我还有别的同样神圣的责任。

海尔茂:没有的事!你说的是什么责任?

娜拉:我说的是我对自己的责任。

海尔茂:别的不用说,首先你是一个老婆,一个母亲。

娜拉:这些话现在我都不信了。现在我只信,首先我是一个人,跟你一样的一个人——至少我要学做一个人;托伐,我知道大多数人赞成你的话,并且书本里也是这么说。可是从今以后我不能一味相信大多数人说的话,也不能一味相信书本里说的话。什么事情我都要用自己脑子想一想,把事情的道理弄明白。

海尔茂:难道你不明白你在自己家庭的地位?难道在这些问题上没有颠扑不破的道理指导你?难道你不信仰宗教?(**诉诸灵魂层次,提醒人在上帝面前的位分**)

娜拉:托伐,不瞒你说,我真不知道宗教是什么。

海尔茂:你这话怎么讲?

娜拉:除了行坚信礼的时候牧师对我说的那套话,我什么都不知道。牧师告诉过我,宗教是这个,宗教是那个。等我离开这儿一个人过日子的时候我也要把宗教问题仔细想一想。我要仔细想一想牧师告诉我的话究竟对不对,对我合用不合用。

海尔茂:喔,从来没听说过这种话!并且还是从这么个年轻女人嘴里说出来的！要是宗教不能带你走正路，让我唤醒你的良心来帮助你——你大概还有点道德观念吧？要是没有，你就干脆说没有。

在托伐的反击中，他首先搬出了社会舆论的压力。首先想到这方面，这一点恰恰暴露了他自己是最在乎舆论、在乎别人的评头论足的。这也证明了前面娜拉所说他好面子的个性。因此他自然而然地觉得妻子也应当顾忌社会舆论，为了好名声也不能抛下家庭出走。娜拉的答复是：我不在乎。在遭到娜拉的断然回击以后，托伐搬出了第二个理由：做妻子母亲的责任。负责任，是意志的抉择。在主观意愿出走的时候，按照责任做应当的选择，求别人的益处。如果说因害怕舆论而留下是一种消极的恐吓，那么呼吁对方负责任的选择则是一种积极的鼓动，鼓励积极行善。同时，这也可以理解为一张亲情牌，毕竟，孩子们是那么可爱，又那么爱妈妈，你的心就没有为他们而柔软一下吗？但娜拉的决定是义无反顾的，这些并不能诱惑她，所以托伐再次吃了闭门羹。在忠实于家庭责任和忠实于自我之间，娜拉首选了后者。笔者完全理解！女性的觉醒和自我成长非常重要。一个混沌的母亲并不能建立孩子的生命！养育儿女固然是母亲的使命，但是被糊涂的母亲所耽误的孩子也实在令人痛惜。娜拉的选择看似不近人情，但是从道理上来讲是成立的。托伐再进一步，对妻子在伦理责任层面已经失望了，提问进深到更内一个层次：灵魂。在这一个层次，必然地要追问到一个问题：信仰。舆论的压力来自社会，外在的人群。责任的压力来自家庭：丈夫、孩子。而灵魂的压力则来自上帝。你能逃避外人的嘲讽、逃避家人的不满，但你能逃避上帝的责罚吗？托伐逼妻子面对那位超然的审判者，这意思等于：你不怕人，难道你也不怕神吗？在北欧艺术家那里，我们屡屡看到超越者临在的压力。

4. 失信—失序—失位

我们有必要注意托伐的三个问题：你在家庭的地位，指导你的道理，终极信仰。这里其实揭示了一个有位格的人从灵魂到肉体所在的三个相互关联的领域：生活实践，伦理道德，道。

只可惜，他自己的表现出卖了他真实的生命境况，一个极度自私自利的人。他其实没资格来质问娜拉！托伐是一个在社会上比柯洛克斯泰好很多很多的人，所以他不啻是那个时代的一个成功人士。可是剧作家的笔不但使他在娜拉面前的形象一败涂地，也使读者和观众看到他真实的可怜光景，几乎要送他一个伪君子的称号。那么问题出在哪里？

我们仍然要从这三个问题开始倒推。托伐诘问娜拉的三个问题次序是：生活实践，伦理道德，道。这里暴露出对托伐来说其实最重要的是生活表现。他看重表象！所以他不介意以后的生活是什么真相，只要娜拉肯跟他貌合神离地维持一个美满家庭的假象。他忍着恶心接受一个在他看来已经无比下贱和可恶的女人。这样的生活就像闻一多笔下表面灿烂内里肮脏的死水。问题的症结正在这里，托伐看重外在胜过内在，他看重生活实践多于其他两个层次。而一个良性的次序恰恰与此相反：有对道的确认，才接受相应的道德伦理，然后在生活中行出怜悯、公义、圣洁。因此在这三个要素中，道才是最重要和根源性的要素，道若坚立，道德即可被尊崇。道若不受尊崇，伦理道德必然坍塌。因此，重中之重是信道。而恰恰是在这一点上，这一对小夫妻出了问题。

娜拉的回答是，我真不知道宗教是什么。根据托伐的说法，娜拉父亲不信宗教，因此娜拉可能也并没有宗教信仰。所以她的坚信礼也只是一个习俗上的仪式，并没有真正地触动她的内心。

托伐呢？他比不信更麻烦，是伪信。他的伪善是因为伪信。

> 海尔茂：我的娜拉，你父亲跟我完全不一样。你父亲不是个完全没有缺点的人。我可没有缺点，并且希望永远不会有。

他没有一点信徒应有的谦卑，反而把自己美化为完人。因此信仰不过是托伐自我标榜的一个标签，他并不会在生活中践行信仰。托伐的病是娜拉冒着极大风险借钱医好的。但他属灵上的疾病，却无药可医。这种以自我为中心、以自我为主宰的病越来越重，成为家庭破裂的直接原因。正因为他自身并没有真正信徒的美善生命，所以这种夜郎自大的丈夫形象也是不堪一击的，在妻子面前露出自私本相后，立刻失去了对家庭的主宰权，在娜拉离家出走的抉择面前一败涂地。

娜拉和托伐，一个热情活泼、敢于冒险，一个谨慎多虑、刻板守成，两个人的个性气质截然相反，但在灵魂深处都已经偏离了所宗之道。在现代西方社会，打倒上帝以后，一个常见的替代物就是：以人为神。以明星偶像、世俗强者或以自我为神，坐在心灵的至高宝座上！对托伐来说，这个神是他自己，家庭是他的王国，一切按照他的意志安排。对娜拉来说，她所侍奉的神就是一个家庭美满的表象，在林丹太太面前显得非常幸福。信仰的本质性东西已经被抽离，只是因着习惯和传统文化的原因作为一个家庭的外在标签。

由于西方特定的历史文化语境的影响，人际关系作为一种横向关系一直有赖于一种纵向关系的支撑。以婚姻关系为例，保罗阐述的第一原则是天伦层面,即人神关系,夫与妻分别而相同地隶属于同一更高存在实体,这是夫妻可以合一的基础;任何一种基于两情相悦的爱情都将被岁月消耗殆尽,但是因着二人合一的基础不变,则仍可以持续婚姻、更新婚姻。第二原则涉及人伦层次,即在实际的家庭生活中强调丈夫以仆人的姿态用舍己的精神爱妻子,妻子则应尊重和顺服丈夫。天伦是人伦的基础,人伦是天伦的体现和实操。但在启蒙运动以后,思想解放的步伐越来越快,哲学家给上帝贴出了讣告,传统的天伦根基变得极为脆弱,而现代人的个体性需求、欲望、权利则被越来越多地强调,甚至从前被视为罪的行为和需求(例如乱伦)也经由心理学的重新解释而予以合理化。这一趋势的直接后果就是西方社会人际伦理的失序。有关婚姻伦理,当第一层次的天伦丧失以后,人仅凭着出于本能的一点爱去面对配偶,第二层次的人伦很快就陷入全面枯竭和失序之中。根据《玩偶之家》,这种失序有两个非常鲜明的表现。一方面是前文所提到的夫妻沟通的断裂,娜拉滔滔不绝,但托伐却完全不懂她在说什么。伦理失序的第二个重要体现,就是做父亲的出了问题——父职失位。

在许多悠久的家庭文化中,父亲都是一个极为重要的角色。在古代社会,世界上的大部分民族建立了以父亲作为主要决策者的家庭结构,形成了普遍的父权社会。对于中世纪的人们来说,不但君权神授,父亲也是蒙神呼召而做父亲,作为上帝的代理人庇护和引领整个家庭。即便是在男女平权的现代社会,父亲也仍然是家庭乃至家族的灵魂人物。反观《玩偶之家》剧中人物,我们看到的是一群失父的孩子。克里斯蒂纳没有了父亲,不得不以婚姻为代价换取养活弟弟和妈妈的金钱;阮克的父亲鬼混染有花柳病,遗传给儿子,使阮克年纪轻轻就活在死亡的阴影中;娜拉的父亲是以养玩偶的方式养育女儿的，在托伐口中则说他没有道德感和责任心；托伐对娜拉的父亲非常鄙夷，却没有非议他对女儿的态度，并且采取了认同的态度，可以想见，他也是在类似的观念中长大的，也将这样对待自己的女儿；柯洛克斯泰作为父亲，以错误的方式爱自己的孩子，通过一些欺骗、敲诈的方式赚钱养活他们，却不知道这些错误的做法将可能影响孩子走上罪恶之路。以上是中产阶层的情况。在下层社会，情况更糟糕。娜拉的仆人安娜称呼她的丈夫为没良心的，他抛弃了妻子和孩子，安娜不得不将女儿送人寄养，自己出来谋生。父亲本来是一个家庭的顶梁柱，也是妻子儿女依靠和效法的对象，但在《玩偶之家》里，父亲们却集体呈现出严重的问题。一个社会的父亲集体出了问题，就不能指望家庭、教育不出问题。坏父亲不管孩子死活，好父亲把老婆孩子当泥娃娃养。这两种家庭里都没有对妻子儿女的人格尊重和舍己之爱。在这种环境里成长起来的娜拉和托伐、阮克、克里斯蒂纳们，只能在做玩偶和养玩偶。

三、何以为家

很不幸的是，这一问题并不具有时代局限性，或地区性，而是普世性的。当女人拥有和男人一样的选举权、经济权、受教育权，女人看起来是跟男人平等的。但人类依然没有摆脱某种玩偶式的命运。婚姻和家庭仍然成为一种令人急欲逃脱的牢笼。这是社会革命、阶级斗争、女权解放运动都不能触破的一层铁幕。

无论当今社会两性关系如何变幻，婚姻形式如何多元，一男一女一夫一妻的婚姻关系仍将是主流。因此，婚姻的重建在任何时代都是一个值得深入探讨的问题。我们对《玩偶之家》的关注不应当止于批判托伐，而应当寻求：他们的出路在哪里？鲁迅 1923 年在女高师的演讲《娜拉走后怎样》曾对娜拉出走以后的未来光景做了悲观的预测:堕落,或者回家。[①] 似乎二者都是毫无希望的。但仅就普通的人之常情来说,回家的可取性远大于堕落。易卜生在最后写道:托伐心里闪出一个希望。这为故事留下了一个开放性的结尾,但读者却往往过分关注那“砰”的一声,以为这预示着改善的大门也是关上的。其实换一个思路,也可以探讨积极重构婚姻的可能。

如果娜拉们的悲剧溯源于信仰失真带来的伦理失序,那么问题的解决也有必要从重建婚姻伦理入手。正如前文曾经提到的,娜拉有一种深层焦虑,就是关于丈夫是否爱她。当她确知丈夫无爱之后,自己的感情也立刻发生了改变。归根结底,她所追求的是爱的果实!她必须从这里转开,转向追求爱本身。这是一个非常重大的挑战。因为这不是意味着修修补补,各人改正自己的缺点,娜拉不再隐瞒,托伐不再自私。而是,要从根本上确认自己乃是完全没有爱的能力的人,在归零的基础上重新建造。用舍己利他的爱全然覆庇并替换自我,并在生活领域内彼此向配偶活出成全对方的人生。

在婚姻伦理中,除了重新认识爱和实践爱,还有一种亟待重建的婚姻伦理,就是守约。婚姻的缔结是以约的形式使两个人乃至两个家族得以联结,这一点举世偕同。中国古人结婚有三书六礼的程序,其中三书包含聘书(定亲之书)、礼书(过礼之书)、迎书(迎娶之书),复杂的文书环节正是体现对立约的重视;西式婚礼中的关键环节也是立约,夫妇由圣职人员引导在神与人面前缔结婚约,立誓无论富贵贫贱、疾病健康均不相离弃。婚姻的前提是双方的

---

① 《娜拉走后怎样》是鲁迅于1923年12月26日在北京女子高等师范学校的演讲,原文发表于1924年北京女子高等师范学校《文艺会刊》第6期。

彼此相悦,婚姻的正式建立是从彼此相约开始。在托伐夫妇的婚姻危机中,约的关系遭到破坏。托伐未对妻子尽爱的责任,妻子还回戒指——立约的记号,宣布解除关系。这一悲剧的挽回也有待于二人重建守约精神。

第三章　小说一例:《包法利夫人》

相较于娜拉,爱玛不缺钱。惜乎丈夫无趣！于是这日子也是没法过了!

这个故事其实非常庸俗无聊,几乎是低俗小说的素材,却被作者写成了一个荡气回肠、耐人寻味的经典长篇。故事的历史背景是19世纪中叶。大革命的风云散尽,法国重回王政时代。一个三线城市的小资产阶级女子爱玛,看起来过着吃穿不愁的日子,却天天想着巴黎郊外城堡里皇亲国戚们的生活。其实,哪一个青春少女不傻乎乎地做点诸如此类的美梦？大部分凡夫俗子到了年龄也就梦醒酒醒,鞋趿拉袜趿拉地过成孩儿他爸孩儿他妈,平安到老。唯有爱玛,是一个痴劲儿作到底,到底把自己作死。看爱玛的毁灭也是许多女读者在心灵里毁过一次。这一个过程,在高手福楼拜写来,素材是一五一十地裁剪精到,语言是从容俏皮中力透纸背,读来常有于无声处听惊雷之震撼!

第一节　生存张力:活在日常,逃离日常

福楼拜说:包法利夫人就是我。这话如何理解？无疑,包法利

夫人是作家某些主体因素的投射。但作家塑造的人物形象引起广泛共鸣,就表明人物不仅仅表达了作家自己,而且蕴含着普遍性意蕴。可以说包法利夫人也代表了人类心理中一种共性的东西。施康强在为上海译文出版社所出《包法利夫人》写的译者序言中,提到儒勒·德·戈吉耶从小说中概括出一个新名词:“包法利主义”,意思是“人所具有的把自己设想成另一个样子的能力”。[①] 这个解释非常精准地概括了爱玛性格特质中的突出部分:总是设想自己是另外一个样子。换句话说,活在日常,却总想逃离日常!这是张力之维在该作品中最集中的体现。

一、女演员的秀场

爱玛的这场婚姻只是因为无聊而结的。她在从修道院回到乡下百无聊赖的时候认识了夏尔,又在没什么乐趣想换个环境生活的时候结了婚。对于很多想改变命运的女人来说,结婚是一个投资佳机。匆忙嫁给夏尔,这机遇就算是浪掷了,她心里是懊丧的。

婚后,唯一使她高兴的是那场舞会。在对这段经历的描述中(第一部第八章),福楼拜从头到尾非常鲜明地采用爱玛的叙事视角。小说家全然隐身,爱玛既作为主人公继续表现,更作为小说家的眼睛、鼻子、耳朵、肌肤代替他无死角地感受那段时空里的一切。爱玛走进沃比萨尔的昂代维利埃侯爵府上,这座意大利风格的城堡内的一切都令她新奇艳羡。爱玛全身的感官都被刺激起来了,捕捉着这座贵族府邸中的一切讯息,作家则忠实地将这些感官信息一一罗列。

爱玛的嗅觉:爱玛一进餐厅,就觉得四周热腾腾的,夹杂着花

---

① 福楼拜:《包法利夫人》,周克希译,上海译文出版社 2007 年版,见施康强《译本序》。

儿和干净桌布的清香……

爱玛的视觉:餐厅里的枝形烛台的光焰接到餐桌上的银罩、一丛丛鲜花、优雅的餐巾、龙虾、水果、膳食总管……舞厅里的衣服款式、发蜡、肤色、胡须,女客的钻石别针、花束……一个女客偷偷地放一张纸条在某男客的帽子里,这隐秘的举动也没有逃过爱玛的眼睛。

爱玛的听觉:传来了提琴的前奏和圆号的乐声……点缀女服上身的花边颤动着发出沙沙声。

乐声传来,舞会即将开始。福楼拜写道:"她下楼时,稳住自己没往下奔。"这话也太传神了!是的,爱玛早已经迫不及待了。

爱玛已经压抑和等待得太久了。她就是为这些舞厅而生的,却要在医生的诊所里委屈自己。总算有一个出头的机会!作者描述爱玛"梳妆更衣时那种战战兢兢的感觉,就像一个女演员初次登台"。[①] 这确实是她初次登台。毋宁说,从未进入实质性生活的爱玛一直在作秀,她的人生就是一个秀场。

还记得她母亲去世时候的情节吗?爱玛用母亲的头发做遗像,在致父亲的家书里表示以后与母亲同葬。父亲吓坏了,赶紧跑来修道院安慰女儿。小说写道:

> 爱玛在心里感到挺满意,这是一种难得一遇的境界,堪称茫茫人生的极致,她居然这么轻易地就置身其间了,而对感情平庸的人来说,这种境界永远是可望而不可即的呢。

她的周围铺展着一个虚拟的浪漫世界,渲染着感伤迷人的审美情调,不断地滋养着她本来已经过分敏感的感性,最终养成惺惺

---

① 本书所引小说原文均出自福楼拜著《包法利夫人》,周克希译,上海译文出版社2007年版。

作态的生活风格。

爱玛的人生就是一场角色扮演游戏,所以再没有比初次登台的女演员更恰当的比喻了。

这次舞会给她留下的印象如此之强烈,以至于当给女儿起名字的时候,她对许多候选项都不满意。犹记得舞会上一个女客喊一位小姐贝尔特,于是她决定叫女儿贝尔特。由此可知,这是一个入戏太深而无法醒来的女子。

> 在内心深处,她始终在等待发生一桩新的事情。就像遇难的水手,在孤苦无告之际,睁大绝望的眼睛四下张望,看雾蒙蒙的远处会不会出现一点白帆。她不知道这随风飘来的命运之舟会是什么,会把她带往何方的岸畔,也不知它是小小的帆船抑或三层甲板大的船,装着忧愁抑或满载幸福。(第一部第九章)

舞会回来,她以敬虔的姿态收藏着与舞会相关的一切:参加舞会的盛装、鞋底被舞厅的地板蜡染黄的缎子鞋、有绿色缎面的雪茄烟盒……庸常的日子里,她经常一个人拿出来,时时瞻仰,常常回想。从此她的时间是以舞会发生的时间为坐标了,舞会后一星期,舞会后两星期……再后来,她开始在地图和时尚杂志的帮助下想象巴黎:那儿的女人个个脸色苍白,都要到下午四点才起床;那些女人裙子上都镶着英国针钩花边,那些男士都满怀一腔才情,年年到巴登去消夏。

> 愈是离得近的人和物,她愈是不愿去想。周围习见的一切,落寞沉闷的田野,愚蠢无聊的小布尔乔亚,平庸乏味的生

> 活,在她仿佛只是人世间的一种例外,一种她不幸厕身其间的偶然……(第一部第九章)

舞会总有结束的时候,人人都要回到各自平常的轨道上去。辉煌的、不寻常的时刻看起来与日常生活大相径庭。相比较之下,日常生活显得如此平庸乏味、千篇一律,令人厌倦。但其实,那些昙花一现的辉煌时刻正是为着日常生活的持续维持而存在的。

正如许多日常生活理论家所指出的:日常生活是人生存的基本状态。如果生活中充满变换、刺激、奇迹,没有什么恒常的东西可以依托,社会将无法运转。因此,常态的生存才是必不可少的。阿格妮丝·赫勒曾经归纳日常生活的一些一般行为图式,计有:实用主义、可能性、模仿、类比推理……正是这些一般行为图式维系着生活的延续、生产的进行。赫勒认为,重复性的思维和实践是必要的,如果在日常生活中都要求创造性思维,那么我们简直无法存活下去。[①] 但是,这些又的确造成日常生活的单调乏味。尤其是,当历史的车轮驶离中世纪的田园牧歌,在现代社会,随着社会管理的科层制日益普遍,这些现象会变本加厉。美国社会学家里茨尔曾用"社会的麦当劳化"来概括这种生活的雷同与均质化。[②] 我们所过的日子,就是一个麦当劳点餐流程的扩大。全球一样的装修风格,同样的制服,同样的菜单,同样的工艺加工同样的食品,你站在任何一家店门前都可以预见进去以后的用餐场景。

而人的天性里,又是那样的喜悦新奇有趣的东西。上班的人

---

① 阿格妮丝·赫勒:《日常生活》,衣俊卿译,重庆出版社 1990 年版,第 139 页。

② 参见乔治·里茨尔《社会的麦当劳化》,顾建光译,上海译文出版社 1999 年版。作者在该书中透过解析麦当劳快餐的运作模式,从店铺设计、购餐用餐方式、烹饪策略等方面分析了其中的同质化、控制性、可计算性等特点,并认为这也是现代社会的普遍特点。

盼望休假，年轻人迷恋歌星演唱会，隐秘之处流行各种刺激的游戏，家庭主妇喜欢追剧，都因为，这些时刻可以使人从庸常的轨道上暂时脱离开来。只是，人们需要了解，日常和非常是一种什么关系。在常态的人生里，非常时刻都是为了日常存在的！所有非日常的时刻，其实都是为着使得日常生活不至于太难忍受而存在的。也可以称之为一个减压阀门！

二、爱之绚烂，老之磋磨

有句话叫作：不疯魔不成活。没有疯魔，活的没味道。但是一味疯魔，真的是活腻味了！普通人只是厌烦平庸，爱玛则是仇恨平庸。普通人只是用非日常时刻把日常时刻调整到一个可以忍受的地步，爱玛则是像失控的马车一样竭力逃避日常生活。她不知道她所抗拒的是一个没有人可以撼动的无形巨怪。

其实，这些精致绝伦、光鲜灿烂的人对不凡的执着追求里隐藏着一种对生活的傲慢，而这常常成为对别人的伤害，尤其是对自己身边的人。在这方面，英国浪漫主义诗人雪莱的人生是一个很好的镜鉴。雪莱在认识第一个妻子的时候，是作为救世主的角色把女孩从父权的压制里拯救出来。雪莱带她逃离家庭，后来俩人结婚。但是很显然他不能习惯于夫妻琐碎而庸常的人生，不久的后来他爱上了另外一个女孩——才华横溢的玛丽。又私奔了！而他的第一个妻子在绝望之下投河自尽。诗人多情，但可以爱远处的人，无法爱近处的人，他在生活中总是一种逃离的姿态。雪莱后来又从玛丽身边逃开，去参加希腊的民族解放战争，后因溺水死在那里。对于雪莱和爱他的女人来说，也许这并不是一个很坏的结局。因为任何一段生活都要归于日常、平淡，甚至庸俗，令追鲜猎异的才子佳人难以消受。莱昂与爱玛再度重逢，彼此剖明心意，爱如干柴烈火一般，令爱玛沉迷和满足。但是，当这种关系成为常态，爱玛再次失去热情,她不停地压榨莱昂。很可能,假如她活着,没有债务之困,还必须寻找下一个午夜情郎,才能够活得下去。

爱玛对爱的痴迷隐藏着一种终极满足的期许。

假如没有服毒而死,假如上流社会的门一直向爱玛打开,那她最终的结局又如何呢?在打开她追逐上流社会生活方式之门的那场舞会上,作者曾经费了不少笔墨描述一个与爱玛在侯爵府上同席就餐的糟老头子。

> 他佝偻着身子伏在装满菜肴的盆子上,像小孩似的餐巾在背后缚了个结,一边吃,一边汤汁滴滴答答沿嘴角往下掉。眼睛布满血丝,假发用黑缎带束在脑后。此人是侯爵的岳父德拉韦迪埃尔老公爵,当初值沃德勒伊围猎之际,曾在德贡弗朗侯爵府深受德阿托瓦博宠幸,据说他一度还是玛丽·安托瓦内特王后的情人,介乎德克瓦尼先生和德洛森先生之间。他这一生从未安生过,荒淫放荡成性,不是决斗赌博,就是诱骗女人,家产被他恣意挥霍,家人为他担惊受怕……(第一部第八章)

这位当年风流倜傥的人士,他的为人实在与爱玛颇为相似,也实在是极尽人生荣耀奢华、香艳靡费,度过了爱玛梦寐以求的人生。但到老年岁月,他已经成为这样一个难堪的样子。这种段落让人想起李碧华的小说《胭脂扣》所写的故事。痴情的女鬼如花,不死心地回到阳世寻觅她五十年前相好的风流少年十二少。报馆记者陪着她费了不少周折,最终找到了原名陈振邦的十二少。但十二少早已不是如花记忆中的翩翩美少年,而是一个肮脏落魄的老汉:"满脸的褐斑,牙齿带泥土的颜色,口气又臭。那双手,嶙峋崎岖,就像秃鹰的爪,抓住你便会透骨入肉……"他吸鸦片被罚款,走路一边干咳一边吐痰,嘴巴里哼的是"当年屙尿射过界,今日屙尿滴湿鞋"!

真是岁月何曾饶过谁?! 彼处老公爵,此处十二少,都已带着暮年的死气。相较之下,那曾经花团锦簇的人生显得尤其荒诞虚空!

餐桌上美女俊男如云,福楼拜为什么要写这个一笔带过的人物? 此人在全书也只露面这一回。这显然是为爱玛而设的人物。一老一少,一衰朽一娇嫩,性情相近、追求相同,一位前贤,一位后学。一位已经接近曲终人散,一位刚刚粉墨登场。老公爵之于爱玛正如中国古代小说中的预叙。太虚幻境为大观园的预演,金陵诸钗册页图为后面人生之缩影。爱玛的人生,至终也是老公爵这样吧。老公爵的出场,似乎是对雏凤新声的爱玛的一种提示。当然,爱玛没有看空一切的顿悟和警醒,她看着这个嘴皮耷拉的老头,还在为他居然能出入宫廷、在王后的床上睡过而觉得敬畏。像埋葬了高老头的拉斯迪涅抹掉最后一滴眼泪投奔巴黎一样,爱玛就这样投入了她的舞台。

人生是经不起拷问的。人性更加经不起拷问。她愿意浪掷她的人生在追欢猎艳中。奔走在这条路上的男人如罗道尔夫之辈就更加多如牛毛。但人们应当了解:人种什么,就收什么。在捕风的人生中,爱玛只能走向彻底的虚空和幻灭。

第二节 教育张力:晋身之途还是成人之道

一、以成功晋身为目的的教育迷局

1. 夏尔:母亲主导的教育

在对故事主人公早年生活的交代中,受教育经历是一个重点。夏尔一出现在我们视野中,就是在鲁昂中学的课堂上。夏尔是一个15岁的插班生。他从一出场就是一个傻里傻气、土老帽的孩子,这种性格也差不多延续了一生。他穿着乡下人的衣服,不会玩班里流行的帽子戏法,说话咕哝、口角笨拙,这些都使他成为同学的笑柄,但好在那种木讷的天性使他对周围的嘲讽不太敏感。在夏尔的教育历程中,我们可以看到家庭环境对一个孩子人生与个性的影响,值得引以为戒。夏尔生活的悲剧在于他太无知和被动,除了在医学上有点小成就,生活中的夏尔是一个彻底的失败者。他完全不知道自己的家里发生了什么,缺乏起码的自我保护意识,昏头昏脑的。总之,这是个没有开窍的人。他很好糊弄,任何女人都可以左右他,他害怕跟她们中的任何一个发生冲突,采用逆来顺受应付所有的不如意,可以说这是一个法国巨婴。而这种状况的造成跟原生家庭的状况是密不可分的。

夏尔的父亲是一个长相不错却吊儿郎当的凡夫俗子,曾做过军医助理,1812年退伍。由于他长相英俊加上能说会道,骗取了内衣铺老板女儿的爱情。但他实际上只会花天酒地混日子,家庭事务的决定权落到了出身商人家庭、精明能干的妻子手上。家里有一个不负责任的丈夫,油瓶子倒了也不扶,通常会造成妻子的抱怨和自怜,以及孩子的性格懦弱。包法利一家正是这样。儿子在这样的环境里没有从父亲那里学会判断事情和决定事情,母亲大人的情绪又造成他的压抑和顺从。在夏尔的成长中,乃至于在他一生中,母亲都是一个重要的影响因素。

母亲是养育他的,也是最初知识教育的承担者。在最幼小的一段岁月,夏尔被寄养在奶妈家。后来领回家,由母亲教他识字,并在旧钢琴上教了三两首抒情曲子。可以想见,这位内衣铺老板的女儿年轻的时候与爱玛是极为相似的,都是有文艺情调的,都是爱英俊的男人的,都有一些浪漫幻想。不同的是,商人的女儿比地主的女儿清醒得更快一些，也更容易循规蹈矩地找出路。无疑，老包法利夫人也对丈夫深感失望，但是她没有选择去找别的男人弥补，而是把爱转移到了儿子身上。儿子成了她希望的投射。她很早就成了一个一心望子成龙的怨妇，所以她担当了儿子人生规划设计师的角色。

以母亲为主导的教育，母亲通常都会成为一个包办者。儿子的前半生几乎都是在母亲的安排下、为母亲的理想而活。夏尔初期也受了一点古典主义教育，但是也实在是简陋可怜。12 岁就学于本堂神甫，偶尔得到一些学习，断续而匆忙。在第一部第一章，作者描写上课的情况，读来非常有趣：

> 他俩上楼到神甫屋里坐下：蚊蚋和夜晚围着烛光飞舞。屋里挺暖和，孩子打起盹来；那位好老头儿双手搁在肚皮上，不一会也张着嘴起了鼾声。也有时候，本堂神甫先生刚给邻近的病人做完临终圣礼回来，路上瞧见夏尔在田野里淘气玩儿，就喊住他，训诫个刻把钟，再趁这机会在一棵大树下面让他练练动词变位。天下雨课就停，有个熟人路过也一样。（第一部第一章）

总之，这是一种极不正规的学习，聊胜于无。15 岁那年，依着母亲，他上鲁昂中学做插班生。学什么，住在哪里，吃什么，母亲都安排好了。夏尔只需要做乖孩子：课间休息就玩，进自修室就做功课，在教室里好好听课，在寝室里好好睡觉，在食堂里好好吃饭。夏尔 18 岁从鲁昂中学退学，又是因为母亲安排他学医科。这就难怪在夏尔通过医师会考后，作者加了一句：这是他母亲大喜的日子。是的，这既不算老包先生的大喜，也不是夏尔的大喜，这是老包夫人的大喜。以后行医去哪里？依然是母亲亲力亲为地打听，得知托斯特地方上的唯一一位医生已经老迈，于是选择了这个地方作为职业生涯的起点。在夏尔婚后，母亲依然常常出现在他的生活中，与儿媳妇争风吃醋。

南非作家卡西·卡斯滕斯写了一本书叫作《世界需要父亲》，作者从发生在坦桑尼亚的一件惨案说起。在这个案件中，几个十八九岁的年轻人用非常残忍的手段杀害了一些无辜的村民，他们用刀肢解受害者，甚至凌虐孕妇腹中的胎儿。这些年轻人的冷血残暴令作者极为震撼，他试图去解开其中的人性之谜。在调查思考中，卡斯滕斯发现，这些孩子的残暴跟成长期没有健康的父子关系有关。因此他提出，当今世界一个非常普遍而严重的问题就是父亲在孩子的成长中的缺位。父亲在教育中具有四大职能：建立道德权威；赋予身份；提供安全感；肯定孩子的潜力。然而在现实生活中，许多父亲都没能在孩子的成长中履行自己的职能。老包法利就是这样一个父亲。作为一个男孩子，夏尔从未在身份认知或者安全感方面得益于父亲，这导致了他在自己的家庭中始终处于一个尴尬的地位。结婚后，他是挣钱养活一大家人的顶梁柱，却又像是一个无足轻重的人。他是家庭中的丈夫、父亲、主人，却又没有什么权威。夏尔一生在女人面前都显得非常被动，谁都可以给他气受。在家庭中，他并不知道哪些是自己的权利，在夫妻相处中一直处于非常可怜的境地。这种尴尬和无能不能不归咎于他的成长期一直处于母亲主导的教育模式下。

第一次婚姻是母亲包办的，爱洛依丝爱他又控制他，他虽然厌烦，但是也很顺从。爱洛依丝死后，夏尔的悲伤是因为：毕竟她爱过他。他不曾爱过，但因为她爱过，所以他也就有了鳏夫该有的一点儿伤心。爱玛是他自己认识和爱上的，但这爱并不会突然激发出一个男人该有的气概和豪情，他像从前一样被动。他完全不了解他的妻子，她怨怒使性，无故辞退佣人，她突然做贤妻良母，夏尔都只是接受和顺从。

可以说，夏尔在生活上的感性能力和理性能力都没有得到开发，这使他在婚后受尽了爱玛的嫌弃。

按道理，夏尔并不窝囊。在19世纪的法国，夏尔属于正冉冉升起的新贵一族的成员。所谓新贵，是和旧贵相对而称的。正如历史教科书常说的那样，1789年法国大革命是资产阶级登上历史舞台的标志，新贵就是在这个阶级里产生的。旧贵出身于名门世家，新贵则往往出身城乡平民，他们的父亲是农民，或者手工业者。旧贵的头衔是世袭来的，新贵则是自己奋斗来的。旧贵存世的合理依据是血统，新贵的合理依据是所受的教育和手中的执业证书。

启蒙运动对法国的积极影响之一就是教育的普及。有人统计1786年到1790年之间的数据，发现那时候的法国只有47.8％的男人和26.28％的女人能在结婚证上签名。[①]这一定程度上反映了当时公共教育的状况还不理想。但在两部重要的教育法《基佐法》和《法卢法》颁行以后，公共教育的发展力度就越来越猛了。一个小有积蓄的平民，把儿子送去念书，准备将来考取一个律师或者医生的执业证书，这就如同前些年读神学做修士或者神甫，是一条很有前途的晋身之道，正如雷吉娜·佩尔努所说："业士证书同时发挥着隔离资产者和平民的障碍作用和区分资产阶级内部各不同成员的水平作用。"[②]精明能干的老包法利夫人为儿子设计的道路是

① 吴式颖、阎国华主编：《中外教育比较史纲》近代卷，山东教育出版社1997年版，第781—782页。

② 宋严萍：《试论19世纪法国中间阶层的兴起及其社会影响》，《徐州师范大学学报》1999年第4期。

对的,温顺的儿子也努力去走了。

做了医生的夏尔过着虽非大富大贵但足可以维持小康的体面生活。对爱玛来说,嫁给夏尔,爱玛坐稳了有闲阶级。她需要操心的家务事非常有限。粗活有女佣人,孩子生下来交给奶妈养,她不过是看看杂志,侍弄下花草,养养狗,生生闷气。依据《拿破仑法典》确立的一般规范,家庭主妇们主要的职责是在家里,为丈夫营造舒适的生活空间。爱玛具备了这个能力,夏尔提供了这样的条件。但这两口子却把日子过砸了。夏尔未能从家庭和学校教育中习得为夫之道是一个原因,爱玛的教育就更成问题了!

2. 爱玛:贵族学校,一入误终身

与夏尔被母亲过度干涉不同,爱玛的教育则是缺乏母亲的在场。妻子健在,卢欧老爹就把女儿从她母亲身边带走,送去修道院交给一群一生都不会做妻子和养孩子的女人教育。

在19世纪的法国,这是很高规格的教育了。一般家庭如果送女儿读书,也不过是上个村镇上的初级小学,学学算数和缝纫。19世纪是法国女子教育非常重要的时期。在此之前,虽然也有女子教育,但女学普遍不受重视。1833年6月,法国公共教育部长基佐颁布了初等教育法,该法又被称为《基佐法》,这项法规建议每超过500人的村镇就应该设立一所小学,规定"根据市镇的需要和资源,建立一些女子专门学校"。1850年教育部长法卢制定颁布《法卢法》,该法在第五章提到设立女子学校,教授一般性小学课程:道德和宗教教育、读、写、法语基础知识;计算以及法定重量制度和计量制度。此外还包括:用于简单运算的算术;历史知识和地理知识;适用于农业、工业和卫生学的物理科学概念和自然科学(或称博物学)概念;测量、水准测量、线条画;唱歌和体操。还特别提到要教授针线活。此后，法国女子教育蔚然成风。

在西方中古时代，承担女子教育功能的机构主要是修道院。在欧洲历史上，修道院起初只是一批愿意潜心修道的人集体学习生活的场所。公元529年，意大利修士本笃为自己建立的修道院制定了一些院规，并要求来修道的修士们向天主发三个愿：贞洁、贫穷、服从。这种做法后来得到其他修道院的推广，修道院遂成为一个有目标、有组织构架、有规则的团体，并在西方文化史上发挥着重要作用。刘小枫曾经援引C. Dawson的观点，把西方的修道院制度视为西欧文化传统形成的重要因素，认为这一制度具有以下功能。(1) 文化传承的功能：使因蛮族入侵后湮没的罗马文化得以保存并重新发挥制度化影响（如罗马法的研究）；(2) 教育功能：以修院为中心，把拉丁基督教文化带入蛮族社会，尤其在农民阶层中开启文化；(3) 经济功能：不仅通过自给自足的、独立的经济实体形式，发展出一种独特的财富占有形式，而且发展出清贫劳动的经济伦理；(4) 社会功能：修道共同体的共契原则改变了部落共同体的生活原则，促成了社会忠诚的转向——家族忠诚转向灵性共同体忠诚，地域性忠诚转向圣徒忠诚，改变了封建社会的内在结构；(5) 政治功能：修道院的制度化带动了独立的政治团体的形式，促进了国家制度中政治力量的分化。①

在以上五大功能中，影响最为深远的就是文化传承和教育功能。事实上，在很长一段历史时期内，修士阶层就是欧洲的知识分子群体。在从公元5世纪到15世纪这段被后世称为中世纪的历史阶段内，农民被束缚于土地，骑士阶层负有保卫庄园、城堡的军事使命，国王和贵族肩负内政外交大任，他们很难有闲暇和力量投

① 刘小枫：《修道院中的情书》，《读书》1996年第8期。

身文化。就是像查理曼大帝这样伟大的君主,虽然发起了影响深远的加洛林文艺复兴,但他自己也还不能流利地书写,更遑论其他属民了。由于修士们有读写能力,并有专门的时间用于默想和思考,修道院就具备了知识更新、教育传承的条件。特别是对于女性来说,社会上开办的教育机构、培训场所通常只对男性开放;除了请家庭教师,修道院几乎是中世纪女子接受正规教育的不二之选。

历史上著名的女学者大多栖身于修道院。8世纪的英国才女利奥巴,母亲送其入修道院正是为了女儿的教育自由——这几乎是唯一一个女性享有跟男性同等受教育权利的地方。利奥巴在修道院中接受了良好的古典文化教育,她用拉丁文写六音步诗,连男子都望尘莫及。利奥巴的学识和能力深受教皇伯尼法修的赏识,教皇邀请她担任陶伯比绍夫海姆修女院的院长,在上层贵妇中传教;她还被当时的查理大帝树为女界典范。公元12世纪德国女学者、宾根的希尔德加德,也是一位自幼在修道院学习的才女,在那个女性识字率很低的年代,希尔德加德撰写了大量卓有才华的著作,涉猎领域包括神学、文学、生物学和医学等领域,她的影响至今不辍。欧洲至今仍然存在一种希尔德加德式保健法;她创作的音乐也流传甚广,那种空灵曼妙的美感备受神秘主义音乐家的推崇,其影响几乎可与格里高利圣咏相比肩。

19世纪是法国现代教育发展和完善的重要历史阶段,也是教育加速世俗化的阶段,教育职能主要归国家执行。但是宗教力量并未退出教育领域,而是以另外的形式参与世俗教育,如以修女出任校长或者教师的形式实现。根据拉尔夫·吉布森的研究,在19世纪的法国,修女是女子教育的中坚力量。1861年的法国,在9万多名修女中,有近2/3从事教育事业;1878年,在13万多名修女中有5万多人从事教育;当时73%的女子中等寄宿学校由姐妹会掌管。吉布森认为，由于国家尚不能或者不愿意满足人们对教育的需要，因此，直到19世纪的最后10年，法国仍然不得不接受男女修会提供的教育服务。这些教育的成果是极为显著的。在大革命前夕，仅有约30%的女性可以在结婚证书上签名，1890年，这一比例提高到了95%。[①]

无疑，女修会在普及女子教育、提高女性文化水平方面发挥的作用不容忽视。借着教育别人家的女儿，她们自身的母性情怀也得以释放和满足。

在爱玛生活的时代，大部分的法国女孩只接受初等教育，中等教育似乎没有必要。但贵族家庭常把尚不到婚嫁年龄的女儿送进修道院寄宿学习几年，少数家境殷实的女孩也会进入由知名女修会管理的寄宿学校，学习宗教、礼仪、艺术和家政。爱玛的家庭其实不是贵族。不过，大革命的血雨腥风确实踢碎了许多门槛，稍有能力的普通家庭也乐于将女儿送入修道院，这里面不用说也体现出一种对上流社会的艳羡。爱玛，一个小地主的女儿，就这样进入了一个对她来说有点巴高望上的贵族女校，栖身于一帮贵族少女中，这助长了爱玛对未来生活的不切实际的幻想。爱玛的同学都是一些无所事事的少女，在修道院混过几年，到了适当的年龄便要嫁给身份相称的男子，继续做贵妇人。按照常态，爱玛的人生与她们差异很大，在华丽府邸里跳舞、交际，到大剧院看戏，随时去风景名胜度假，这对修道院的女同学来说是家常便饭，但对爱玛这个阶层的女性来说却是太奢侈的梦想，只能偶尔为之，绝不能日常如此。但爱玛在环境的熏染中产生了这样的生活梦想，这成为她一生的噩梦，使她对自己的生活充满了嫌弃和怨恨。如今那些花许

---

① Ralph Gibson, *A Social History of French Catholicism 1789 –1914*, London: Routledge, 1989, pp.105,125.

多钱把儿女送进贵族寄宿学校的父母,也千万不要以为从此可以高枕无忧了。爱玛是个镜鉴!

另一方面,在修道院中的爱玛却没有受到真正有价值的宗教牧养,这也使得她在理想破灭、对生活失望的时候未能很好地调适自己的心理,以至于在错误的道路上越走越远,终于无法回头。

在《包法利夫人》所呈现的修道院教育中,宗教教育已经蜕化为一种枯燥的教条规训。爱玛学习的一个重要内容是教理问答。教理问答是一种有关基督教信仰基本教义的简明手册,它的编写是为了排除异端错误教义的影响,把合乎正典的信仰要义编写为一种问答形式的简缩本,使人比较直接地认识基本教义。这种知识是非常枯燥的,它主要诉诸人的理性,对年纪小的孩子来说,理解上存在很多困难,教理学习主要靠死记硬背。

这样教条性的教育很难塑造虔信的心灵,如果青少年看不到父母敬虔生活的榜样,这些学习反而可能加剧他们的叛逆。正如卢梭在《爱弥儿》里说的那样:“你们的孩子由于已经被你们那些枯燥的功课、啰嗦的教训和无休无止的问答弄得极其厌腻和疲惫,因而心情也变得十分忧郁,在这种情况下,他们怎能不拒绝把他们的心思用去思考你们压在他们身上的那一堆教条,怎能不拒绝把他们的心思用去思考他们的创造者,何况你们还把他们的创造者说成是他们欢乐的敌人呢?”[①]爱玛把教理问答背得滚瓜烂熟,修女提出的最难的问题都是她来回答,但这只能说明她头脑聪明,记忆力强,教理内容却并不吸引她。真正吸引她的是那些带有审美色彩的、满足人的感性需求的形式,例如教会音乐,教堂特殊装饰,教师们的仪表,活动的仪式感……说到底,爱玛在修道院的教育没有

① 卢梭:《爱弥儿》下卷,李平沤译,商务印书馆 2010 年版,第 460 页。

培养她的敬虔、温顺，而是使她误入一种基督教文化情调的沉迷中。

打开福音书，她所受到的并不是真理的吸引，而是天蓝边框的插画吸引：病恹恹的羔羊，利箭射穿的圣心，半路倒在十字架下的耶稣……这些打动女性较为敏感的怜悯心，引起的是一种浅层次的感受触动。在音乐课上，她接触到的也是宗教浪漫曲，这些乐曲描述有金色翅膀的小天使，圣母玛利亚，威尼斯船夫……因而她听凭自己沉浸在拉马丁那些缠绵悱恻的诗句中间，聆听竖琴在湖面上拨响，天鹅在临终前哀歌，无边落木萧萧而下，纯洁少女升往碧空，天主的声音久久回响于幽谷。在布道中，讲员也会引用到未婚夫、丈夫、天国的情人、永恒的婚姻这些比喻。这样一种依赖于艺术手段的宗教尤其适合女性胃口，容易激发年轻而敏感女性的幻想。吸引着爱玛的，正是这种女性色彩的宗教审美情调。爱玛在这种环境里泛起的柔情蜜意完全与上帝无关。她生活中的一切事都是一场秀。至于上帝，不过是她的浪漫玄想中的一个龙套演员；有时候也被拉来背背黑锅。面对来临终关怀的教士，夏尔说：我恨他，你的那个天主。他没有想过，他从来没有尊重过天主，而是把妻子当天主一样敬奉，言听计从、只知宠溺，才加剧了爱玛的灭亡。可悲的是，即使他发现了妻子和那两个男人的奸情，看到他们之间往来的那些情书，也完全不知道该怎样处理，甚至对罗道尔夫说：我原谅你了。没有道歉的原谅，没有认罪的饶恕，只能给自己招致更深的嘲弄。这些称名为信徒的男女，就像古时候的先知所描绘的迷羊一样，偶然地生，茫然地活，又忽然地死……

在精神幻灭和心灵困境中，人们可以从哪里获得力量、找到出路？爱玛曾经去向神甫求助。然而，这是徒然的。在19世纪的法国，天主教早已丧失了历史上曾有的模塑心灵的力量，而蜕变为一种仪式化的文化形态。

在16世纪以后,欧洲多国都经历了宗教改革运动,建立了以基督教新教为主的信仰体系。但法国不在此列。在历史上,法国的阿维尼翁曾是教皇驻地。1309—1378年,有七任教皇曾经驻留法国小城阿维尼翁,与居住罗马的教皇双峰并峙。1516年,法国国王与教皇签署协议,国王获得了教职任命的特权,法国国内教会的收入也大多归国王,借着与王权的联合,天主教在法国保存了实力。在改教运动风起云涌的时代,法国没有发生很深刻彻底的改革。虽然数度有人以甘受火刑之罚为代价企图撼动天主教信仰,使法国转向新教,但效果微弱。而发生在1572年8月24日的圣巴多罗缪日大屠杀则彻底断绝了法国新教化的可能,天主教的势力看起来更加固若金汤。然而,到了18世纪,启蒙运动在西欧发展起来,法国一批活跃于教育、出版、文化界的世俗知识分子极大地撼动了由天主教教士阶层把持的思想领地。此时法国的天主教信仰早已不是使徒时代那样一种朴素而直接的灵魂觉醒运动,却演变为一套空洞的仪式文化、民俗惯例。我们在《包法利夫人》中随处可见对穿着特定法衣的神甫、主教举行弥撒或者其他宗教仪式的描写。圣体、十字架、玫瑰经、赞美诗,领圣体,临终涂油忏悔,这些宗教符号使得日常生活呈现为某个特别的时刻,法衣、圣器也成为生活的装饰。在死亡没有真正现身的时候,在平常安舒的日子里,仪式化的东西常常带有一种莫名的美感,给人一些虚假的满足。对于爱玛来说,宗教也就是这样一种具有仪式美感的生活调剂。当初她在修道院里的学习所提供的就是这样一种满足。她乐在其中,甚至为了在忏悔室多待一会儿而编造一些罪愆。然而,当婚后的爱玛陷入精神危机去找神甫时,神甫却无力给予她引导医治,而是忙于驱逐顽皮的孩子和准备宗教仪式用品,并建议她回家找做医生的丈夫开点药。仪式化的信仰只是一个宗教空壳，没有永远的生命，也没有真实的爱。落幕的时刻来到了，爱玛只好走向一直等待着她的那份砒霜。

神甫的第二次隆重出场就是爱玛临死之前他来做法事。这是天主教徒一生最后一次宗教礼仪，通常称为终傅礼，其实就是一个临终忏悔仪式，希望受礼者一生的罪恶得以赦免，死后进入圣洁的天国。神甫拿十字架给将死的爱玛吻一下，然后引领诵经，并用右手拇指蘸圣油涂抹爱玛：

> 先是贪恋过世间奢靡豪华的眼睛；接着是向往过熏风和爱之芬芳的鼻孔；然后是不知耻地说过谎、骄傲地感喟过、淫荡地喊叫过的嘴；然后是沉醉于甜蜜爱抚的手，最后是当初曾为满足情欲跑得飞快，如今却再也无法行走的那双脚掌。（第三部第八章）

如果在眼睛迷恋、嘴唇说谎、奔走偷情的时候神甫竟不能给予规箴和归正，又怎么可能在一个人自掘坟墓行将就木的时候给她抹点油就使之脱罪得救呢？如果信仰在腐烂的现实面前没有一点疗救的功效，丧失了它起初使人离弃罪恶的能力，徒然留下一套漂亮的仪式，就如同涂脂抹粉的尸体，难怪小说中的药剂师奥梅把当时的神甫比作死人气味儿招来的乌鸦，认为瞧见教士是桩晦气事儿。

二、人是教育的产物

检视夏尔和爱玛受教育的过程，我们有必要反思，既然他们的人生遭遇这样无可挽回的失败，也就在一定程度上宣告了这些教育的失败和破产。那么,其中有什么教训是我们今天的教育可以吸取的吗?

首先一点,从夏尔的教育中,我们必须要追问:教育是什么?教育的目标是什么?综合夏尔的教育内容,基本上都是职业技能的学习,也就是以谋生为目的的技术教育。其实,这根本未曾触及教育最本质的目标。综合各种教育体系来看,认同度最高的一个目标就是成人——使人成为人。

17世纪捷克教育家夸美纽斯早已指出:人是受造物中最崇高、完善、美好的,但不是生来就可以如此,要成为一个人,必须经由教育完成,“只有受过恰当教育之后,人才能成为一个人”[①]。康德在《论教育》中也表达了这样的观点:“人只能通过教育而成其为人,人无非是教育造就而成的产物。”[②]具体来说,教育是如何使人成为人?说法不一。例如应当具备一定的谋生技能,应当具备公民素质,也应当发展个人某方面的天赋和潜力从而可以享有更美好的生活。[③]这都是教育的主要目标。进一步来看,如何能够实现这些教育目标?在历史上也有很多教育内容和方式的经验。例如中国古代的儒家有培养君子人格的六艺之说。《周礼·司徒》中说:“师以德行教民,儒以六艺教民。”因此有师以教导人们德行,有儒者教导六艺,所谓六艺,就是指礼、乐、射、御、书、数六种学问和技能。《论语·宪问》篇说:“若藏武仲之知(智),公绰之不欲,卞庄子之勇,冉求之艺,文之以礼乐,亦可以为成人矣。”古希腊在这个问题上也有充分的探索。柏拉图在《理想国》第三卷里提出,无论

---

① 夸美纽斯:《大教学论》,傅任敢译,人民教育出版社1984年版,第39页。

② 康德:《论教育》,见杨自伍编译:《教育:让人成为人:西方大思想家论人文与科学》,北京大学出版社2016年版,第5页。

③ 参见托斯·艾略特:《教育的宗旨》,见杨自伍编译:《教育:让人成为人:西方大思想家论人文与科学》,北京大学出版社2016年版,第288页。

男女都应当受教育，通过音乐塑造人的灵魂，通过体育强健人的体魄，使人既不至于野蛮残暴，也不至于太软弱柔顺，勇敢和文雅两种品质兼而有之。这是理想的城邦护卫者具有的品性。从柏拉图以后，在西方古代形成了自由七艺的理念。哪七艺？12 世纪的法国，有一位叫赫拉德的修女，历史上称之为兰茨贝格的赫拉德，是位富有绘画才能的艺术家。她曾经创作过一本图文并茂的百科全书，名为《喜乐花园》。在这本主要供修女学习用的书中有一幅图，详尽地展示了这七种古老的欧洲人文学科，这幅图中间一个圆形描绘着哲学女王和苏格拉底、柏拉图两位古希腊哲学家，外一圈绘制了七个圆形，按照顺时针的顺序，每个圆形中间各绘有一位女神，分别代表着语法、修辞、逻辑、音乐、算术、几何、天文。

图 3－1　赫拉德《哲学与自由七艺》(约 1170—1190 年)

这七门学问是一个自由人应当接受的教育科目，这些知识并不教给一个人直接用于谋生的技术，却可以培养他的思考、表达能力和人文素养，从而使人在理性、趣味等方面获得全面的发展。

对照这些理念，就可以发现，夏尔的教育是非常不完整的。他的教育目标充其量只在于获得谋生的技能，他从十几岁起就被作为一个技师来培训，却几乎没有在人文素养、审美趣味方面得到过培育。这样的教育培养了一位合格的医师，却使他在趣味上乏善可陈，跟他那凡事讲究情调的太太反差极大。

再结合爱玛的教育过程来看，修道院的教育基本上就是一层镀金，徒然拔高了她对生活的期望。夫妻两个人的教育背景存在差异，但是在提高自己的等级层次、跻身更高阶层这一点上却是一致的。

另外，从夏尔和爱玛的失败中，还可以看到，夏尔虽然有医术，爱玛虽然有审美趣味，但是他们对于生活却显得非常无知。这样两个人进入婚姻，对彼此起初是不了解，了解之后是不接纳；对于为人夫妻、父母的责任感也似乎一无所知，对于现实与理想差距造成的失落感无从调适。他们像是完全没准备就做了别人的妻子、丈夫、母亲、父亲。

第三节　阅读的效应张力：成全与毁灭

解读爱玛的人生悲剧，除了教育环境的影响，阅读也不容忽视。

一、阅读姿势

有句话叫作腹有诗书气自华，是说读书增饰一个人的气质。爱玛是一个爱读书的女人，在修道院的时候她读了不少圣徒传记、骑士小说，对当时的浪漫主义文艺也颇有涉猎，熟知些风雅的文艺典故。婚后百无聊赖，她也一度以读书打发时光。被鲁道夫抛弃后大病一场，养病日久，神父帮她弄了些味同嚼蜡的布道读物，病恹恹的她竟也读了。然而遗憾的是,这阅读不但没有给她智慧,反倒强化了她性格中藐视日常生活的一面。当然,这首先不是书的错,是读的人本身有问题。

我们可以从两个方面考察爱玛的阅读误区:她在读什么,以及她是怎样读的。

有时候,阅读的态度比读什么更为重要。20 世纪 60 年代兴起的接受美学和读者反应批评学派普遍认为,读者的阅读在文学意义的建构中极为重要。读者虽然是被动接受作家提供的作品,却各自带有不同的阅读前理解状态,以差别迥异的期待视野进入阅读,从而产生了一千个读者有一千个哈姆雷特的理解奇观。这些差异包含许多方面,阅读的态度是其中之一。

说到态度,恭逢视觉文化之盛世,笔者想用一个更为具体可观的现象来谈这一话题,就是姿势。众所周知,所谓“涨姿势”,并不是说人的身体姿势涨了。姿势,是一个人的身体语言,但又远不止于物理意义。如同“澄怀味道”的“味道”不同于味蕾经验产物,“气韵生动”的“气”并不是胸腔里流转的气,姿势也如此。尤其是阅读中的姿势。德国人博尔曼写过一本书,叫作《阅读的女人危险》,在这本书中,作者搜罗了绘画史上许多表现女性阅读的名作,她们读书的姿势可谓千姿百态。坐在椅子上优雅侧身的贵妇读者,在窗前比肩并读的少女姐妹,趴在沙发上翻画册的小女孩儿,坐在安养院床上捧书而读的老妇人……各美其美。

爱玛是一位跪着读书的女子。这种姿态的阅读,一方面是读者对于所读内容放弃任何批判的态度,全面接受。同时,也非常容易发生角色代入的现象,也就是读者在阅读中由于深受吸引而把自己代入故事中,占据中心主人公或者其他人物身份,从而对虚构的人物和场景产生深刻的移情,以至于往往不能区别小说与现实

的距离。包法利一家搬到永镇,遇到莱昂,爱玛颇有惺惺相惜之感,两个人都爱读书,莱昂说什么她都很有同感:

> “你什么也不去想,”他往下说,“时光一小时一小时地流淌过去。你端坐不动,在恍如身临其境的异国他乡神游,你的思绪跟小说交织在一起,忘情于淋漓尽致的细节描写,或是沉浸在跌宕起伏的冒险故事之中。你的思绪跟里面的人物融为一体,只觉得在他们躯壳里跳动着的是自己的心。”(第二部第二章)

爱玛闻言激动地连声附和:是这样的,太对了。对此,纳博科夫慨叹道:“孩童们常将自己与书中的人物等同起来,这情有可原。他们爱读文笔拙劣的冒险故事,也是可以原谅的。但爱玛和莱昂也这样读书,则是另一回事了。”[①]

这种心理就是所谓审美移情。文学创作是作家移情于外物并在文字中实现物我合一的过程,读者的移情则消弭了作家虚构的虚拟世界与读者所在的现实世界的界限。德国美学家里普斯在解释移情作用的时候举过一个例子。一个人看到前方有人抬起手臂、动作优美,于是一五一十学前人的动作,这是一般的摹仿。一个人看到前人的动作优美,见之忘神,自己仿佛栖在那人的手臂里,直至自己也随之起舞而不自知,这是审美的摹仿,亦即审美的移情。审美的移情是“感觉到自己在另一个人的动作里也在发出这个动作”。[②] 1853 年 12 月 23 日,福楼拜在给女友露易丝的信中

---

① 纳博科夫:《文学讲稿》,申慧辉译,生活·读书·新知三联书店 1991 年版,第 213 页。

② 里普斯:《移情作用、内摹仿和器官感觉》,见伍蠡甫、胡经之主编:《西方文艺理论名著选编》中卷,北京大学出版社 1986 年版,第 475 页。

谈到自己创作鲁道夫和爱玛约会的段落，说自己今天既是男人又是女人、既是情夫又是情妇，甚至是马、是风、是两人交谈的话语……无疑，故事里的一切都是作者的主观投射，即作家的审美移情；而故事里的人物却又在作家的移情里移情。福楼拜在爱玛里，爱玛在拉马丁里。这个情思细腻敏感的女子，正是中了移情的毒，她移入那些繁花似锦的传奇爱情中，怅然自失而不自觉，反被书里的人物附体，执意要把自己柴米油盐的日子过成传奇。

在和鲁道夫确立了私通的关系后，爱玛心满意足地回想起从前在书里看过的那些女人的故事：

> 这群与人私通的痴情女子，用嬷嬷般亲切的嗓音，在她心间歌唱起来。这种以身相许的恋人，曾令她心向往之，而此刻她自己仿佛也置身其间，也变成想象的场景中一个确确实实的人物，圆了少女时代久久萦绕心头的梦。（第二部第九章）

“包法利夫人不仅受害于谬误、庸俗的作品，更是自我欺骗的牺牲者，以致把书籍和神谕混为一谈。那简直像把现实生活当作别人已经烧好的菜肴，我们只需要端过来即可大快朵颐。阅读是人生的指南和调剂，但若将之与生活混淆起来的话，只会夺走阅读对心灵产生的疗效，反而使得原先的热情变成苦难的泉源。”[①]对于容易轻信的女读者，这些提醒实在是大有裨益的！

爱玛的这种痴迷，就连没什么文化的老包法利夫人都觉出不对，跑到租书铺里警告那些小老板不许再帮自己的儿媳妇预订那些坏书，还训诫她的儿子要当心爱玛被那些反宗教的坏书带坏了。

---

① 斯特凡·博尔曼：《阅读的女人危险》，周全译，中央编译出版社 2010 年版，第 83 页。

但是,夏尔本身就昏得够呛,对妻子奉若神明,甚至爱玛骑着借来的马和鲁道夫跑到小树林里快活回来,他还愧疚太太没有自己的马不方便,便赶紧送了一匹。

二、阅读内容

爱玛受书之害,也与她嗜好的题材有关,而她又不懂得甄别。如果检视爱玛的阅读书目,就可以发现,她的阅读趣味非常单一。小说中有一个细节写到,在去修道院接受寄宿教育的路上,住客栈吃饭时,她注意到盘子上描绘着路易十四的情妇,刻画些宗教的博爱、两情的缱绻和宫廷的富丽。谁也不知道彩绘盘子对一个懵懂少女的杀伤力。她就被那些哀艳绮靡的宫廷传说给迷住了。这个美丽的盘子就是爱玛文艺趣味的一个记号。爱玛的书单里最常出现的,正是这类题材的浪漫主义文艺作品,例如夏多布里昂创作的虚构性寓意小说《阿达拉》《勒内》,司各特的传奇小说,拉马丁的诗歌等。

浪漫主义被认为是与中世纪罗曼司文艺有着渊源的一种文艺思潮。作为欧洲中世纪文学从写实传统转向虚构传统时出现的一种文类,罗曼司文艺体现出一些鲜明的特点,威廉·康格里夫曾总结罗曼司的特征:"罗曼司通常由不变的爱、英雄无敌的勇气、国王和王后等头等阶级的凡人所组成,充斥着崇高的语言、不可思议的意外和不可能的现象,使读者振奋和惊讶,直达一种令人眼花缭乱的乐趣。"[1]这类作品中的人物往往有着奔放不羁的性格,生活在具有异域风情的某个地区,故事情节具有传奇色彩。罗曼司文艺的特点在19世纪欧洲浪漫主义文艺中得以重现。由于浪漫主义文艺队伍庞大、文艺技巧也更成熟,所以作品的艺术感染力也

---

① 董雯婷:《西方文论关键词:罗曼司》,《外国文学》2017年第5期。

更为强烈。

查阅令爱玛痴迷的作品，可以看到其中一类是讲述发生在神秘而遥远异域的爱情悲剧。比如《保罗与薇吉妮》，这是法国作家贝纳丹·德·圣比埃(1737—1814 年)的代表作，小说把男女主人公的成长背景设置在一个远离大陆的海岛上，青梅竹马的保罗和薇吉妮彼此相爱，但薇吉妮后来被姑妈接回法国，致使两人分离。为了与心爱的人相聚，薇吉妮得罪了姑妈，并在即将回到海岛时遭遇飓风袭击，薇吉妮不幸罹难，保罗伤心而死，两人最终合葬。再如夏多布里昂的《阿达拉》，故事的发生地是美洲西部。故事讲述了一位印第安青年沙克达斯与酋长女儿之间的爱情悲剧。沙克达斯被部落酋长抓获，即将被烧死，酋长的女儿爱上了他，悄悄释放了他，并和他成为亲密爱人。但因为母亲的一个错误许诺，两个人不能如约成婚，酋长女儿于是服毒自杀。对于地球村时代尚未来临的 19 世纪欧洲人来说，这些关于遥远国度的故事格外令人神往，小说家所描绘的一切充满着迷人的异国情调，使男女主人公的爱情悲剧更加吸引人。

还有一些叙事性作品属于王公贵族阶层男女的传奇经历。在修道院生活期间，有一位经常来访的老姑娘会悄悄携带些骑士文艺作品给这些年轻的女孩子，爱玛的贵族同学也不时带些精致的诗集画册来。这些作品有精致的缎子面，作者多是一些贵族男子，画一些少女、贵妇、苏丹、异教徒……在修道院的寝室里：

> 墙上挂着的油灯，就在爱玛头顶上方，光线从灯罩里射下来，照着她眼前这一页页充满人情味的图画，寝室里静悄悄的，远远传来辚辚的车轮声，那是一辆出租马车还在大街上赶着夜路。(第一部第六章)

这些传奇色彩的情节和高贵理想的人物、奇异的风景、哀怨缠绵的情调把爱玛带入一个跟修道院完全不同的异质性时空中。在婚后,英国作家司各特的作品也是爱玛钟情的。司各特身为英国浪漫主义文艺的翘楚,笔下也尽是英雄美人、王侯卿相们的刀光剑影与风花雪月。

从情感基调来看,爱玛喜欢读的作品都具有一种带着颓废气息的感伤情调。小说《勒内》就贡献了一个世纪病的概念。小说中勒内与姐姐阿梅利相依为命,产生了一种既像亲情又像爱情的情愫,他终日在无聊与厌倦中虚度时光,听到教堂的钟声就联想到坟墓、死亡,于是热泪长流。作者借苏埃尔神甫之口概括这样一代年轻人:"我所看到的只是一个迷恋于幻想的年轻人,他什么也看不惯,他逃避社会的责任而陷入无谓的空想之中。"因其忧郁、孤独、感伤的情调,勒内被称为最早的世纪病人物形象。爱玛所迷恋的拉马丁,也是19世纪法国著名的浪漫主义诗人,其作品歌咏爱情、死亡、自然和上帝,尤其偏爱描述稍纵即逝的事物,诸如最后的光线、轻纱、一响即逝的钟声,如此多在时间中短暂存在的事物共同营造着一种缥缈空灵的氛围,充满唯美的幻灭感。

在这样的文艺中沉迷,福楼拜称之为无休止的纵欲。略萨也接受了这样的观点,在演讲《文学有什么用》中他称呼包法利夫人是女版堂吉诃德,"她竭力要过一种从小说中认识到的充满激情的奢华生活。她就像一只蝴蝶,过于接近火焰,终于在烈火中丧生"[1]。

年轻的爱玛终日沉迷在这样的文艺情调中,天性中多愁善感与无病呻吟的一面也被一再强化。这些虚假的浪漫传奇也强化了

---

① 马里奥·巴尔加斯·略萨2001年4月3日在秘鲁首都利马的演讲《文学有什么用》,吴万伟译自 Mario Vargas Llosa,"The Premature Obituary of the Book. Why Literature?"

她对于贵族生活的向往，固化了她对爱情的理解。

> 结婚以前，她原以为心中是有爱情的；可是理应由这爱情生出的幸福，却并没来临，她心想：莫非自己是搞错了。她一心想弄明白，欢愉、激情、陶醉这些字眼，在生活中究竟指的是什么，当初在书上看到它们时，她觉得它们是多么美啊。（第一部第五章）

这使她在日后的生活中看不上周围的一切，对柴米油盐的生活充满了厌烦，也极其鄙视她那说话像平行道一样庸俗的医生丈夫。

三、父母职责

浪漫主义文艺中不乏上乘之作，思想的崇高和情感的热烈并驾齐驱，对读者的心灵有着非常积极的影响。但爱玛的口味过于单调，趣味也令人难以恭维。如纳博科夫所说的，福楼拜在这个小说中所表现的布尔乔亚指的是庸人，但这不是就物质来说，而是就心灵状态说的。[①] 她恨庸俗："我讨厌平平庸庸的主人公，讨厌不死不活的感情，它们跟周围的生活太相像了。"（第二部第二章）但恰恰爱玛自己就是一个彻头彻尾的庸人，因着趣味的庸俗而受了感伤文艺的害。

然而，爱玛毕竟太年轻，苛责她也不妥。不得不说，爱玛的悲剧也在于终其一生未曾得到任何有价值的引导和教导，在其成长过程中父母是缺位的。置身于庸人扎堆的法国 19 世纪小城镇，就

---

① 纳博科夫：《文学讲稿》，申慧辉译，生活・读书・新知三联书店 1991 年版，第 187 页。

阅读而言,爱玛唯一可以聊一聊的对象就是莱昂,而莱昂,甚至比爱玛更加无助。成长期的爱玛像干燥的海绵一样拼命地在浪漫文艺海洋中吮吸,但是爱玛的阅读只是在没有引导和介入的情况下,一种纯然被动接受的阅读。

第四章　散文一例:《浮生六记》

清中叶以来,江浙文人似乎格外的伤感多愁,流传后世的悼亡忆旧之作颇多。知名度较大的如冒辟疆的《影梅庵忆语》、陈裴之的《香畹楼忆语》、沈复的《浮生六记》、蒋坦的《秋灯琐忆》等。其中,《浮生六记》尤其声名远播,甚至有愈来愈炽之势。

在《浮生六记》写成的头七十年间,并没有产生什么影响。清朝光绪年间,王韬的妻兄杨引传在苏州的书摊上觅得《浮生六记》的手稿。杨引传将残稿交给王韬,1877 年《浮生六记》得以出版。1936 年,林语堂把前四记译成英文,沈复陈芸夫妇遂跻身跨国文化交流的行列。在上述诸多悼亡佳作中,若论文名,有“明末四公子”之誉的冒辟疆远超沈复。对于沈复,后人没有更多的了解,这本薄薄的自传几乎就是关于他生平的唯一可靠资料,迄今人们连他具体的卒年都不清楚。若论所悼之人的美丽和才华,沈复之妻陈芸又远远逊色于董小宛、王紫湘等一代佳丽。但是,沈复与陈芸的故事却赢得了最广泛的受众。喜欢《浮生六记》的还有林语堂、俞平伯等现代文学大家。2012 年以后,《浮生六记》先后被京剧、黄梅戏、昆曲界改编上演,每个版本都收获了当代人不少的眼泪和唏嘘。今天这个时代,讯息多到把人埋了,今人什么奇情异致的爱情没有领略过?人们的胃口已经足够餍足。两百年前一对贫贱夫妻的一段陈年旧事,凭什么就雅俗通吃、大红大紫起来?离婚率居高不下的年代,读者又怎么突然深情起来,忙着为别人不能白头偕老而洒泪长恨呢?这真是件稀罕的事,其中原委值得叩问!

第一节　浮生张力:一体两面

《浮生六记》名为六记,但是后面两记风格明显不与前同,语风胶柱鼓瑟,见识也平常,像是市井之文,并没有前面四记那种俞平伯称许的洁媚与隽永。所以,笔者也认为后面两记当是托名伪作。因此本章仅以前四记为本,略识其中呈现出来的富有包孕性的张力结构。

一、芸娘之谜:贤妻良母 VS 灵魂伴侣

可以毫不夸张地说,这部作品的受欢迎,端赖有一个宜室宜家、赏心悦目的女主人公。芸娘得到的赞誉恐怕是她生时始料未及的。林语堂说芸是“中国文学中最可爱的女人”,近代以来的男性作家也一律交口称赞她的魅力。有点才华,但也只是小才微善;有点儿清雅的美,可是牙齿外露,总算不上绝色佳人。区区芸娘何德何能俘获一众挑剔的男性文人之心?不得不说,芸娘的魅力在于她以一身而可以满足男性双重的期待。

男性对一个女性的期待,或为贤妻良母,或为灵魂伴侣。他有了这个会想那个,有了那个会恨没有这个。就像李碧华的小说《青蛇》所慨叹的那样:“每个男人,都希望他生命中有两个女人:白蛇和青蛇。同期的,相间的,点缀他荒芜的命运——只是,当他得到白蛇,她渐渐成了朱门旁惨白的余灰;那青蛇,却是树顶青翠欲滴爽脆

刮辣的嫩叶子。到他得了青蛇,她反是百子柜中闷绿的山草药;而白蛇,是抬尽了头方见天际皑皑飘飞柔情万缕的新雪花……”端庄娴淑与热情曼妙,很难统一于一女,往往有此无彼,使秉性爱贪的男子无法安息于婚姻中。

但芸娘做到了。

芸娘首先是一位三从四德的贤妻。从沈复的自述可以看出,他是不善于营生的人,徒有一身名士气,囊中没有几个钱,也没有稳定的职业,一生浪游为快,家计也就十分艰难。对于生活的穷困,芸娘从来没有一句怨言,反而拔钗沽酒使丈夫可以与朋友尽情欢宴。芸娘为丈夫置妾之事竟然比丈夫还着急、热切。结识一位“美而韵”的憨园之后,热切交往,以翡翠钏为信物,为丈夫做媒。后来憨园贪利别聘,芸娘的失望和痛苦竟然远比沈复多,以至于“血疾大发,床席支离,刀圭无效,时发时止,骨瘦形销”。可以说,这样一位妻子是处处为她丈夫的益处着想的。在日常生活里,芸娘的持家之道也令人激赏。芸娘心灵手巧,一生不罢针指,在那个年代,这也是良家妇女的必备技能。“对于男人来说,有机会远避体力劳动是他地位上升的第一个标志。对女人则正相反,闲暇或得以从体力劳动中脱身的自由却绝不是地位提高的标志。与此相反的是,勤勉地从事生产性劳动,尤其是纺线和织布——对于上层妇女而言还有刺绣,无论对于什么阶层的妇女来说,都是有妇德的表现。懒惰的女人给人的印象是放荡,这有损于她在婚姻市场和家庭中的地位。”[①]精湛的女红技能不但是芸娘的尊荣、体面,也是她贴补家用的营生之道。芸娘在膳食上也颇为能干。沈复喜欢略备小菜喝个小酒,芸娘即置办了一个梅花盒子,用六只二寸白磁

① 曼素恩(Susan Mann):《缀珍录:十八世纪及其前后的中国妇女》,定宜装、颜宜葳译,江苏人民出版社 2005 年版,第 15 页。

碟,一只居中、五只围绕,摆成梅花状,上面又有饰着花蒂把手的盖子,这样菜色丰富而不至于浪费,又雅致又简素。夏月荷花初开时,芸娘用纱囊储茶叶,放在花心里,第二天早晨取出用泉水泡饮,茶有花香。凡此种种令文人们倍觉舒泰,也就不吝溢美之词了。

在一般人的印象里,贤妻良母往往因为持重庄谨而颇为无趣。她们专心家庭的小世界,未免少了见识,心心念念的总是孩子的衣食起居、每日的柴米油盐,太过形而下,完全跟不上风流倜傥的才子丈夫之节奏。然而芸娘却不然,她的双手既操持家中的咸菜、针线,也有手不释卷、临窗吟哦的雅兴。沈复说芸娘"察眼意懂眉语,一举一动,示之以色,无不头头是道"(《闺房记乐》)。夫妇二人志趣相投,在闲居的日子里也颇有几分李清照夫妇赌书泼茶的妙趣。沈复曾记录夫妇二人关于李杜之别的交谈:"芸发议曰:'杜诗锤炼精纯,李诗潇洒落拓。与其学杜之森严,不如学李之活泼。'余曰:'工部为诗家之大成,学者多宗之,卿独取李,何也?'芸曰:'格律谨严,词旨老当,诚杜所独擅。但李诗宛如姑射仙子,有一种落花流水之趣,令人可爱。非杜亚于李,不过妾之私心宗杜心浅,爱李心深。'"芸娘此论,虽无什么标新立异之处,却要言不烦、深中肯綮。这一番红袖添香夜读书的燕居图着实可亲可赞!

除了闺中闲趣,芸娘甚至有几分男子的豪侠之气。在一个女子不能随便出门的年代,她曾经穿上丈夫的衣服化装为男子同游寺庙,又背着婆婆与丈夫泛舟太湖,并携船家女在乡野醉酒高歌,甚至不惮被人误以为娼门女子。在贤淑温婉的外表之下竟然隐藏着洒脱不羁的内在心灵,这使得芸娘既是丈夫居家的良朋密友,又可以做丈夫悠游的同路人,实在也是一位堪与名士相比肩的灵魂伴侣。沈复得此双面佳人,夫复何求?

沈复其人,细看去其实有点百无一用是书生的味道,但对妻子情有独钟，这是他在一个男人享有特权的年代的可贵之处。

不过，既贤又趣，既美又善，不独芸娘如是，历代悼亡之作所怀的女子多如是。如《影梅庵忆语》所记的董小宛，嫁冒辟疆九年，在冒家以婢女自居，日夜不休地劳碌，侍奉冒辟疆及其妻子儿女与父母，27岁即香消玉殒。董小宛对冒辟疆的尊重与爱护，远超出一个体弱女子的能量。在明末李自成之乱中，冒家外出逃难，董小宛主动向丈夫说明一家子的重要次序："当大难时，首急老母，次急荆人、儿子、幼弟为是。即颠连不及，死深箐中无憾也。"她自己，是主动叨陪末座，虽死无怨的。冒辟疆数次生病，董小宛毫不惜命地日夜护理，几乎是以己命换郎命。冒辟疆曾在《影梅庵忆语》中记载他连续患病五个月的情景：

> 此百五十日，姬仅卷一破席横陈榻边，寒则拥抱，热则披拂，痛则抚摩，或枕其身，或卫其足，或欠伸起伏为之左右翼。凡病骨之所适，皆以身就之，鹿鹿永夜，无形无声，皆存视听，汤药手口交进，下至粪秽，皆接以目鼻，细察色味，以为忧喜。日食粗粝一餐，与吁天稽首外，惟跪立我前，温慰曲说，以求我之破颜。余病失常性，时发暴怒，诟谇三至，色不少忤，越五月如一日。每见姬星靥如蜡，弱骨如柴，吾母太恭人及荆妻怜之感之，愿代假一息，姬曰："竭我心力以殉夫子，夫子生而余死犹生也。脱夫子不测，余留此身于兵燹间，将安寄托？"更忆病剧时，长夜不寐，莽风飘瓦，盐官城中日杀数十百人，夜半鬼声啾啸，来我破窗前，如蛩如箭，举室饥寒之人皆辛苦齁睡，余背贴姬心而坐，姬以手固握余手，倾身静听，凄激荒惨，欷歔流涕。

这段椎心泣血之书令人读来扼腕！董小宛这份鞠躬尽瘁,足令须眉汗颜！可以说,董小宛盛年早逝,与长期的劳累有密切关系。

王紫湘嫁陈裴之,也是差不多的光景。王紫湘在陈家做妾三载,洗净铅华,侍奉公婆、主母、丈夫至为贤孝。有人生病了,王紫湘不但日夜侍奉茶汤,并且吃斋祷佛,直到病愈。陈家满门风雅,在王紫湘出嫁三年病逝以后,陈氏一门像是展开了一场同题征文大赛。丈夫做了回忆文章,两位小姑赋诗、作传,大妇汪端写了洋洋洒洒的《紫姬哀词》,甚至连公公、婆婆、公公的侍妾也都做了文章纪念、称赞、追悼,把个王紫湘夸得地上无双天上仅有。但诗词歌赋这一等文字,叙事本是有取有舍,又仰仗各种修辞的巧饰,原是最不可靠的;陈裴之的香畹楼之忆更充斥着陈氏一门的种种唱和之作,过度风雅得令人不适。哀荣是有了,哀情也多,但更多像是为辞忙。这一大滴的哀婉之泪,大类昆德拉所谓的第二滴眼泪了。

芸娘刚交中年而逝,董小宛和王紫湘的人生都止步于三十岁。这些钟灵毓秀的女子的人生都笼罩着一层浓厚的悲剧情调。这不仅因为红颜早逝,更因为她们的爱情、婚姻中有一种注定的悲戚,是由她们的性别带来的。尤其是董小宛辈,出身风月场,又做了侍妾,虽然有绝世姿容和杰出的艺术才华,却因出身卑贱而不能不格外地自抑,那在丈夫和主人们面前低到尘埃里的献身中总有一种难以言喻的凄凉。芸娘出生的时候,在地球的另一端,欧洲女权主义运动先驱玛丽·沃斯通克拉夫特刚刚 4 岁。过了 30 年,玛丽在《为女权辩护》(1792 年出版)中发出了她那划时代的呐喊:“如果男人的各种抽象权利经得起讨论和解释,由此类推,女人的权利也不会畏惧同样的检验。”[①]这个声音即将在欧洲逐渐传播、壮大,又在一

---

① 玛格丽特·沃特斯:《女权主义简史》,朱刚、麻晓蓉译,外语与教学研究出版社 2015 年版,第 57 页。

百年后漂洋过海,惊醒在礼教牢笼中卑微强笑的东方姐妹们……

二、家庭纪略:罗曼蒂克 vs 一地鸡毛

历来有许多人觉得《浮生六记》是写了一段神仙眷属的悲情故事,连芸娘自己也这样看,临终回忆饱暖之时悠游沧浪亭、萧爽楼的岁月,叹为烟火神仙!然而读后掩卷而思,其实这一对夫妇的岁月明明是乐趣极少、苦难太多。他们的人生呈现出一种奇怪的景观:一边是比肩携手或悠游或燕居的神仙眷侣,一边则是家里号饥号寒、门口又不断有虎狼来奔突诛命。这种彼此矛盾的场景令读者大有撕裂之感。

记乐、记趣二卷中记载的夫妇居家与游历之生活内容较多,实在令人有只羡鸳鸯不羡仙之叹!例如芸娘女扮男装随丈夫逛庙会,卜居乡间与种菜老夫妇为邻,在太湖与船家女素云斗酒;是何等罗曼蒂克的一对摩登夫妻!他们甚至在穷困无计投亲靠友的时候也活出一种艺术家的风情雅趣。《闲情记趣》卷写到,沈复夫妇客寄无锡华夫人家,芸娘教华家人制作活花屏,即用木条扎制成下面有凳子为底座的架子,令扁豆花在其上攀援生长、散叶开花,形成一架可以自由活动、随处摆放的花屏。这一切都令人心驰意往。

然而同样是这对夫妇,过的又是一地鸡毛的日子。

沈复出身虽不算富贵,但是其父自称"衣冠之家",家中不少男女仆妇,应该也算当时的中产阶级。可是沈复这个小家庭的日子却出奇的潦倒。《坎坷记愁》中有一段备述沈复一家生计之艰难。

> 芸生一女,名青君,时年十四,颇知书,且极贤能,质钗典服,幸赖辛劳。子名逢森,时年十二,从师读书。余连年无馆,设一书画铺于家门之内,三日所进,不敷一日所出,焦劳困苦,

> 竭蹶时形。隆冬无裘,挺身而过,青君亦衣中股栗,犹强曰“不寒”。因是芸誓不医药。偶能起床,适余有友人周春煦自福郡王幕中归,倩人绣《心经》一部,芸念绣经可以消灾降福,且利其绣价之丰,竟绣焉。而春煦行色匆匆,不能久待,十日告成,弱者骤劳,致增腰酸头晕之疾。岂知命薄者,佛亦不能发慈悲也!绣经之后,芸病转增,唤水索汤,上下厌之。

从这段文字中透露的信息看,体弱多病的芸娘竟然也是家中经济上的顶梁柱。

陈芸四岁丧父,与母弟相依为命,很小就挑着一家的担子,沈复说她“娴女红,三口仰其十指供给”。这样一位十指夸针巧的少女,手上的刺绣装饰了别人,自己却只得布衣蔽体。正如俗谚所云:卖油的娘子水梳头!沈复曾描述未嫁时在姐妹群中的芸娘是“满室鲜衣中,独通体素淡”。嫁到家境略殷实的沈复家,大约头几年托赖大家庭的荫蔽,尚可支应。但在失欢于父母后,就难过了。鉴于当时男主外女主内的伦理次序,生存上的困顿不能不首罪于丈夫的营家不利。从《浮生六记》全文来看,沈复有名士之风,无仕途经济之才。沈复人生的大半是在外面做不定期的幕僚营生。如果不出去,居家于苏州,多半的时光也在闲散中与朋友们逍遥度过了。沈复也曾经投资于盘溪仙人塘的酿酒生意,但失败了。后来随妹婿到广东谋生,详细记载的就是与类似芸娘的妓女喜儿的交情。在广东四个月,自述费百余金,“尝荔枝鲜果,亦生平快事”,没有提到挣了多少钱回家。但是下段即说“余自粤东归来,馆青浦两载”,可见并没有攒下什么钱,仍需坐馆营取薄酬。我来过,我玩过,我爱过,我走了……这样的男子,不合有家室之累。既有家,最终又是妻死、子死,女儿做童养媳……说的狠一点,有一个词来形容这样的男性是合适的:游手好闲。游手者,壮游、浪游、嬉游、逍遥游……总之,一把好游手!好闲者,娴于诗、娴于赋,娴于花鸟虫鱼、琴棋书画,总之,浮生浮在闲上!问题是,游和闲的资本有多少?

根据俞平伯先生考证的《浮生六记》年表,沈复在35至38岁三年间赋闲在家,与程墨安开书画铺,收入很少。儿子送去读书,不用说是需要花钱的。芸娘拼着病体绣经赚取一点养家钱,女儿贤能,负责把家里母女两个的首饰典当出去。后来沈复因为替人做借贷中保,借者卷逃,债主遂追债,咆哮于庭,沈父盛怒之下将子媳逐出家门。芸娘扶病与丈夫在夜间悄悄起行,投奔无锡的结盟姐妹。即便如此,芸娘不但不为自己辩一言,反而把一切不幸都归咎于自己,说"皆我罪孽"。沈复对儿女的态度也耐人寻味。他在书中每次说及儿女,多半提及"芸娘"。说到女儿青君是"芸生一女";儿子在芸娘死后三年也亡故,时年18岁,沈复一笔带过,叹"芸仅一子,不得延其嗣续耶"……在父权社会里发此慨叹,仿佛儿子所延的竟不是他沈家的嗣而是陈芸的嗣。细品这种无意识中流露出来的疏离感,似乎儿女与他并没有什么瓜葛似的。也许对于一个擅长消遣而不擅长营家的男性来说,生养儿女只是他对于家庭不得不尽的一份后嗣之责,未必是自己发自肺腑乐意而为的。走笔至此,想起东晋大诗人陶渊明,这位盖世无双的文学家生有五子,却无一成才,陶渊明做《责子》诗把哥五个挨个数落了一遍。但话说回来,五个里没有一个好的,身为一家之主,做父亲的就没有责任吗?

家庭的潦倒也与沈复夫妻在处理诸多关系上的不明智有关。沈复自称"多情重诺,爽直不羁,转因之为累",其实,重诺不是错,但碍于情面贸然为亲戚朋友作保借钱,结果得钱者携款逃逸或者不肯还债,自己反被追债,这种祸端是自己度事不周的结果。而且夫妻二人屡次陷入这样的麻烦中,不能不说也是有作茧自缚之责的。一旦事情出来了,书生意气的沈复又缺乏应对之法。父亲死后,弟弟启堂暗中买通无赖上门驱赶沈复,沈复只知退缩,打算净身托寄寺庙,反倒是女儿为他争取了少部分遗物,并把他的行囊送到寺中。

除了沈复夫妻的软弱无力,还有大部分的痛苦来自大家庭的复杂难处。从书中可以看出,沈复的性格也是得父真传。其父稼夫公也是个洒脱的人,老妻寿诞演剧居然点《惨别》;仗义疏财、爱收义子,一共收了 26 个义子,其母收义女 9 人。然而这样一位看来潇洒的老人却因为媳妇与儿子的私信中提到公婆时称呼"令堂"与"老人"就大发雷霆、赶逐芸娘。而在年老之时,看见同事有女眷随侍,沈父又在同事面前抱怨儿子不晓得为自己操心,当于家乡觅取一妾来服侍。芸娘为公公办这件事开罪于婆婆,又因信中与丈夫密谈而得罪公公,加上冒然为小叔子作保被牵连,最终被逐出家门。作为父亲,先对儿子不能持平公允,明显偏心,将沈复给早亡的哥哥承祧,又为次子娶妇而令沈复夫妇迁居别处;继而不加查实就听信小儿子的话以为芸娘有错,反复驱逐。父亲的昏聩、婆母的记恨、兄弟的诡诈,令一对天真高古的夫妇如置身天罗地网,难有立足之地。

算来,沈复与陈芸无忧无虑的燕居岁月其实屈指可数。虽然婚姻关系持续 23 年,但是朝夕相处的时间不过三五年,且主要是芸娘去世之前那段贫病交加、被赶逐的日子。实在是令人心酸!在清后期悼亡散文中,《浮生六记》可能是最长于记载寻常人家过日子之苦乐的一篇。沈复没有冒辟疆的经济实力,没有陈裴之官宦家庭的显赫背景,较之隐居西湖的蒋坦夫妇,又多历大家庭里的排挤倾轧,凡此种种是最近于一般家庭的生活体验的。而冒辟疆、陈裴之因与所悼者之间身份地位的悬殊，就是怀念哀哭之间也有一种风流自赏的才子骄气在笔间。相比来看，沈复与芸娘这对贫贱夫妻之间的悲欢是多么的真切！诚如陈寅恪在《元白诗笺证稿》（第四章“艳诗与悼亡诗”）中所论的：“吾国文学，自来以礼法顾忌之故，不敢多言男女间关系，而于正式男女关系如夫妇者，尤少涉及。盖闺房燕昵之情意，家庭迷盐之琐屑，大抵不列于篇章，惟以笼统之词，概括言之而已。此后来沈三白《浮生六记》之《闺房记乐》，所以为例外创作。”大约，也正是这种日常生活的咸酸滋味感动了今人，竟使一部篇幅有限、辞藻朴素的家事散文获取知音无数。

三、生之悠忽 VS 死之横亘

《浮生六记》是悼亡佳作。沈复写芸娘之死，真是悲戚惨凄之至。芸娘死前病卧扬州，沈复穷困无计之下出去借钱，连雇一匹骡子的钱都没有，竟步行走到靖江投亲。回来又遇到婢女卷逃，芸娘忧虑与病痛交集，以四十岁年纪遽然逝去。沈复甚至没有发丧的钱，是朋友借助十金，加上变卖室中所有，才在扬州西门外买得一棺之地，埋葬了芸娘。

王韬《浮生六记》跋说：“美妇得才人，虽死贤于不死，彼庸庸者即使百年相守，而不必百年已泯然尽矣。造物所以忌之，正造物所以成之哉。”[①]芸娘如果活到老年而终，也许得到的是子孙所撰的一篇中规中矩的陈太夫人祭文。那光景当与《浮生六记》大异其趣。这令人感喟：一种事物有令人销魂的美好，往往并非仅是本身的魅力使然，也常因为死亡的临在。古人云：彩云易散琉璃碎。云

① 王韬：《浮生六记 跋》，见沈复著，王稼句编校：《典藏插图本浮生六记》，北京出版社2003年版，第199页。

璃之美因其难以持久而格外动人。试想西湖边上所葬的一众历史名人，岳飞是保家卫国的柱石，于谦是抵御外侮的肱肱之臣，秋瑾是胸怀天下的女豪杰……但苏小小有何功德，可以归葬在这片优美的湖光山色间？她不过是一位茶花女般的青楼女子，死后竟能分香于西湖宝地，所赖的不过是美，并且，这美是很早就香消玉殒了。这一死却给后世文人留下了一个迷人的背影，李贺、徐渭、元好问、袁枚[①]、曹聚仁、余秋雨……频频以诗文垂吊小小的绝世风致。死亡的横亘总是愈加衬托出美好的短暂与弥足珍贵！《浮生六记》之魅力，也正在于死亡的造访突然截断了爱之浓情、生之逸趣。

这种截断像什么？就像是摄影师的手指按下快门，“咔嚓”一声脆响。对这种声音，法兰西文艺理论家罗兰·巴特颇有体会：“对我来说，摄影师的身体器官，不是眼（眼让我害怕），而是手指，是和镜头快门以及玻璃感光片的金属槽连着的手指。我喜欢这种机械响声，喜欢得几乎使我产生快感，好像摄影的这种声音本身——而且只有这种声音——抓住了我的欲望，短促地一响，要命的曝光完成……”[②]按动快门的声音是一种特别的标志。因为在声音响起之前和之后，相机是沉默的，时间也是延续的。“咔嚓”声突然响起，宣告着一种关系的分离。一部分冰从整块的冰上断裂开来，树枝从树上折断，西瓜被锐利的刀切开……死亡来临，如同“咔嚓”一声，生活的某一幕被从它的本体上切割下来，从时间链条上断裂下来。

死亡的造访给人类带来了深重的焦虑体验。在伊甸园的分别

---

① 袁枚《随园诗话》卷一第三十三条：“余戏刻一私印，用唐人‘钱塘苏小是乡亲’之句。某尚书过金陵，索余诗册。余一时率意用之。尚书大加苛责。余初犹逊谢，既而责之不休，余正色曰：‘公以为此印不伦耶在今日观，自然公官一品，苏小贱矣。诚恐百年以后，人但知有苏小，不复知有公也。’一座輾然。”

② 罗兰·巴特：《明室》，赵克非译，文化艺术出版社 2003 年版，第 22 页。

善恶树下，上帝对亚当说：园中一切树上的果子唯独这一种你不可吃，你吃的日子必定死！亚当吃了，没有立刻死，但是活着从此是死亡在场的活，也是走向死亡的活。如海德格尔所说，向死而生。对这种人类感到陌生和惧怕的状态的临在，人产生了焦虑，并且想尽一切办法去赶逐这种焦虑。尼采在《悲剧的诞生》中提到了一个古老的故事：

> 弥达斯王曾在树林里久久地寻猎酒神的伴护，聪明的精灵西勒诺斯，却没有寻到。当他终于落到国王手中时，国王问道：对人来说，什么是最好最妙的东西？这精灵木然呆立，一声不吭。直到最后，在国王强逼下，他突然发出刺耳的笑声，说道："可怜的浮生啊，无常与苦难之子，你为什么逼我说出最好不要听到的话呢？那最好的东西是你根本得不到的，这就是不要降生，不要存在，成为虚无。不过对于你还有次好的东西——立刻就死。"①

死亡将宣告人一切的荣耀都于他无益、无关，这一切对于存在的个体来说也可以说是毫无意义的。如何为这样的人生撕开死亡的重幕，赋予意义和价值？尼采认为，古希腊人为自己安排了奥林匹斯诸神的光辉梦境，以及祭祀酒神的陶然沉醉，这个早慧的民族在醉与梦中胜过了死亡焦虑的袭扰。而对于中国人来说，则走了一条双层立交的道路。第一层是重视祭祀鬼神，用丰厚的牲牢打发那些鬼神。第二层是全力以赴地投入今生，在今生富厚的生趣追求中淡化死亡终将来临的悲哀，由此就形成了李泽厚所说的乐

① 尼采：《悲剧的诞生》，周国平译，生活·读书·新知三联书店1986年版，第11页。

感文化传统。这一点在《浮生六记》中有许多体现。

沈复从小有一种爱玩的癖性。就是闷热夏天一个人躺在蚊帐里也可以玩得热火朝天。他回忆幼时的游戏说:“夏蚊成雷,私拟作群鹤舞空,心之所向,则或千或百果然鹤也。昂首观之,项为之强。又留蚊于素帐中,徐喷以烟,使其冲烟飞鸣,作青云白鹤观,果如鹤唳云端,怡然称快。”在成年以后,即便工作时间、出公差,也是有乐子绝不放过。他曾记录1784年乾隆皇帝南巡,自己随父在吴江接驾。吴江到处张灯结彩、笙歌不断,沈复是“闲则呼朋引类,剧饮狂歌,畅怀游览。少年豪兴,不倦不疲”(《浪游记快》)。

沈复所沉迷的种种乐趣可以分为三个层次。首先是具有生理快感的乐趣,例如口腹、食色之乐。作为一个没有什么积蓄的穷儒生,沈复一般也吃不起山珍海味。但是,乡野菜蔬、坊间小食也自有其美味。陈芸因为家境贫寒,经常吃豆腐乳和卤瓜,沈复起初非常厌恶这两道小菜的怪异味道,但是被芸娘强喂一口之后,掩鼻咀嚼,竟觉得鲜美异常,从此也喜欢上了。至于声色之乐,沈复在外出经商、习幕或与朋友交际时也时常涉猎,只是并不过于放纵。

第二层次的乐趣来自环境的赐予,具体主要体现为园艺与壮游之乐。从书中的记载可见,沈复是一位精通园艺的熟练手。大到园林的设计,小到桌上一个盆栽的料理,乃至于熏香、清供等细琐之事,他都有独到的见解。《闲情记趣》卷记录了沈复与芸娘养花,制作盆景、瓶插的种种。仅以瓶插为例,从花材的取舍、枝梗入瓶的诀窍到枝条整理与配饰都一一娓娓道来。他还写到很多自家莳花的绝技:“石菖蒲结子,用冷米汤同嚼喷炭上,置阴湿地,能长细菖蒲;随意移养盆碗中,茸茸可爱。以老莲子磨薄两头,入蛋壳使鸡翼之,俟雏成取出。用久年燕巢泥加天门冬十分之二,捣烂拌匀,植于小器中,灌以河水,晒以朝阳;花发大如酒杯,叶缩如碗口,亭亭可爱。”在这一卷中，也处处可以见出沈复极为高明的审美眼光。他叹息扬州商人家中的黄杨翠柏是“明珠暗投……若留枝盘如宝塔，扎枝曲如蚯蚓者，便成匠气矣”。

沈复同时喜欢游历名山大川。19岁那年，沈复的父亲重病，在病榻前令儿子拜师学习做幕僚，这件事记载在《浪游记快》一卷。沈复自问道：“此非快事，何记于此？曰：此抛书浪游之始，故记之。”各地习幕的岁月正是沈复漫游的绝佳机会。在确知为沈复所写的前四记中，记述其浪游经历的第四记篇幅最长，比记述夫妻闺房之乐的长出一倍篇幅，开篇就说“游幕三十年来，天下所未到者，蜀中、黔中与滇南耳”。篇中历数他一生游历所见的各地风景名胜、风土人情。

第三层次的乐趣则在艺术方面。艺术的乐趣在于性情的陶冶，尤其于中国古典艺术而言，可以说是文人自我疗愈的一味良药。北宋郭若虚在《图画见闻志》序中提到把玩自己所藏传世佳画时的畅快心情：“每宴坐虚庭，高悬素壁，终日幽对，愉愉然不知天地之大、万物之繁。况乎惊宠辱于势利之场，料得丧于奔驰之域者哉！”在笔墨世界中，被世俗生活弄的麻木的心灵得以复苏，实在有一番养眼养心的好滋味！沈复于诗书画印均有造诣，赋闲居苏州的岁月常常以开书画铺为业，又与芸娘品评诗文，颇为风雅。他们曾有一年半时间寄居在友人鲁半舫的萧爽楼。彼时的萧爽楼成为一般文人墨客频繁雅集的宝地，三五好友经常相约饮酒作诗、品赏墨宝。沈复在回忆中曾备述这些文人逸士风月无边的雅集盛况：

> 萧爽楼有四忌：谈官宦升迁、公廨时事、八股时文、看牌掷色，有犯必罚酒五斤。有四取：慷慨豪爽、风流 蕴藉、落拓不羁、澄静缄默。

> 时有杨补凡名昌绪,善人物写真;袁少迂名沛,工山水;王星澜名岩,工花卉翎毛,爱萧爽楼幽雅,皆携画具来。余则从之学画,写草篆,镌图章,加以润笔,交芸备茶酒供客,终日品诗论画而已。更有夏淡安、揖山两昆季,并缪山音、知白两昆季,及蒋韵香、陆橘香、周啸霞、郭小愚,华杏帆、张闲酣诸君子,如梁上之燕,自去自来。芸则拔钗沽酒,不动声色,良辰美景,不放轻过。今则天各一方,风流云散,兼之玉碎香埋,不堪回首矣!

在沈复的生活中,诸多层次的乐趣并非是分开的,而往往是一种肉体和灵魂双重愉悦的综合性乐趣。比如看油菜花,一般人不过赶去转转、看看,就回来了。但是沈复等人则需求更高:“菜花黄时,苦无酒家小饮,携榼而往,对花冷饮,殊无意味。或议就近觅饮者,或议看花归饮者,终不如对花热饮为快。”如何解决这个问题?还是芸娘聪慧,想出雇一个馄饨摊的主意。第二天,鲍姓馄饨摊主把自己的摊位设到看花处,为他们烹茶、暖酒、烹肴,众人在柳荫下边品尝美味边欣赏“遍地黄金、青山红袖、越阡度陌、蜂蝶乱飞”,真是口悦目悦、心悦意悦的美好时光。

总之,薄薄的一个回忆录,就是沈复审美化、乐趣化的生活史。不管是穷是达、顺境逆境,活着就要拼命地找乐子,活个够本!

一本《浮生六记》,看芸娘之死何其悲恸;看夫妻携游,又如冒辟疆听曲于陈圆圆,有欲仙欲死之妙趣。[①] 在这篇奇文的欣赏中,读者的阅读体验随着主人公的命运、人生的推进而在悲喜之间转

---

① 《影梅庵忆语》卷一记录冒辟疆初见陈圆圆:“其人淡而韵,盈盈冉冉,衣椒茧时,背顾湘裙,真如孤鸾之在烟雾。是日演弋腔《红梅》以燕俗之剧,咿呀啁哳之调,乃出之陈姬身回,如云出岫,如珠在盘,令人欲仙欲死。”

换。理其事、感其情、味其道，的确玩味再三不觉倦。也可以说，这是一位性情中人的性灵文字！诚如俞平伯所说："统观全书，无酸语，无赘语，无道学语（《养生记道》已佚，不敢妄揣）。风裁的简洁，实作者身世和性灵的反映使它如此的。我们何幸，失掉一个'禄蠹'式的举子，得着一个真性情的闲人。他因不存心什么'名山之业''寿世之文'，所以情来兴到，即濡笔伸纸，不知避忌，不假妆点，本没有徇名的心，得完全真正的我。"①

第二节　文学张力：性与灵之辨

在中国文学史上，有一股源远流长的文学流派，或曰文学思潮，就是性灵文学。它的缘起远至魏晋，蓄势在唐宋，兴盛在明清，复兴在现代，并在当代文学创作中也有余音袅袅的影响。这一独特的文学流派不但是历代卓有建树的文学名家在积极实践，而且在文学受众中有广泛的读者基础，是历代读者喜闻乐见的文学形式。在今天这样一个复兴传统之声日盛的时代，对性灵文学的关注也是情理之中的事。但笔者认为，性灵文学在其发展中，有名实不符之处，而这一现象又有着深刻的文化根源，这一现象所带来的性灵文学的局限令人深思。我们以尊重历史和着眼将来的目光来审视这一文艺形式，对更好地发扬中国文学传统大有裨益。

一、性灵文学简史

性灵文学的发端通常被推至魏晋时期，这一结论是从对"性

① 俞平伯：《重印浮生六记序》，见沈复著，王稼句编校：《典藏插图本浮生六记》，北京出版社2003年版，第209页。

灵”的词源学考证入手的。中国诗学传统最古者为言志说,至西晋而变为缘情说,至南北朝,性灵说悄然兴起。

在刘勰撰写的《文心雕龙》中,“性灵”一词多次出现。如《文心雕龙》序志篇中说“岁月飘忽,性灵不居”,原道篇有云:“仰观吐曜,俯察含章,高卑定位,故两仪既生矣。惟人参之,性灵所钟,是谓三才。”在这里,刘勰认为,人之所以不同于自然万物,可以参天地,是因为人乃性灵所钟。此处的性灵指人的天性灵智。情采篇说“综述性灵,敷写器象”,则指文学乃综述人的性情,描摹万物。钟嵘的《诗品》中也使用到这一名词。钟嵘在论到阮籍时说:“其源出于《小雅》,无雕虫之功。而《咏怀》之作,可以陶性灵,发幽思。言在耳目之内,情寄八荒之表。”[①]这里称赞阮籍的诗歌可以陶冶涵养人的心灵。清代刘熙载认为钟嵘此论正是性灵说的根源。在钟刘之后,颜之推《颜氏家训》也曾说到性灵:“文章之体,标举兴会,发引性灵,使人矜伐,故忽于持操。”[②]这是在从文学功能的角度切入性灵之说。

尽管有如上许多文论家提到性灵,但这一概念在其发端期主要还不是一个美学术语,而是在人论意义上使用。即是说,性灵主要用来指人的构成中的内在部分,大约等于通常所说的性情、心灵。就与文学的关系而言,还处于韦勒克所谓外部研究的领域,此时的性灵只是文学的一部分主体性因素,而没有成为创作上的主动追求、作品的内在有机特征。虽然刘勰在专论作文的文献中使用它,也还没有将其与文学系上不可分割的必然联系,而钟嵘对性灵的使用也仅在于对个别作家风格的阐述上。袁枚曾经在《随园

① 张怀瑾:《钟嵘诗品评注》,天津古籍出版社 1997 年版,第 194 页。

② 王利器:《颜氏家训集解》,中华书局 1993 年版,第 238 页。

诗话》开卷便将宋代杨万里推举为性灵文学之源头，但有不少学者考证指出，袁枚所引杨万里的话在杨氏著作中并未见有①，恐怕是他记忆讹误。或者因杨万里的本色说有合于性灵说者，袁枚为张自己的文学之帜，故强之以为鼻祖，也未可知。

事实上，抒写性灵的作品自古有之，但“性灵”成为重要的文学范畴、成为自觉的文学追求是到明清公安派、竟陵派和随园诗派那里。这一流派之于文学史成派，乃始于袁宏道给弟弟袁中道所写的《叙小修诗》，论到这些创作的总体特点，他说其弟诗作大都“独抒性灵，不拘格套，非从自己胸臆流出，不肯下笔”②。这话被目为性灵派的标志性宣言。由于袁氏三兄弟的倡导，这一注重以自由笔触书写真情感的文艺蔚然成风，成为明朝复古俗套中的一股清流。后有竟陵派也大体遵循这一路数，留下许多佳作。到清代，袁枚在《随园诗话》卷五中遥相应和曰：“自《三百篇》至今日，凡诗之传者，都是性灵，不关堆垛。”他同时批评今人那种爱用典故、泥古不化的作品是“如拆袜线，句句加注，是将诗当考据作矣。吾有所感，故续元遗山《论诗》，末一首云：‘天涯有客号昣痴，误把抄书当作诗。抄到钟嵘《诗品》日，该他知道性灵时。’”③性灵派因袁枚的大力倡导而成为清代中期最有影响的诗派，代表诗人有袁枚、赵翼、张问陶及他们的子弟门生等，在江浙一带更有许多随园女弟子也成为性灵文学不可忽视的力量。蒋子潇《游艺录》中曾以“袁简斋独倡性灵之说，江南江北靡然从之”④之句记载当时盛况。应该说，晚明到清中叶是性灵文学发展的黄金时期。

---

① 李涛：《压抑与释放》，东北师范大学出版社 2016 年版，第 54 页。

② 袁宏道著，钱伯城笺校：《袁宏道集笺校》，上海古籍出版社 1981 年版，第 187 页。

③ 袁枚著，王英志批注：《随园诗话》，凤凰出版社 2009 年版，第 83 页。

④ 转引自周作人：《苦竹杂记》，岳麓书社 1987 年版，第 135 页，原文载 1935 年 12 月刊《宇宙风》第 6 期，题作《谈桐城派与随园》。

这一文学传统的流风余韵一直延续到20世纪。在救亡图存、启蒙民智为主要任务的晚清和民国早期,独抒性灵无疑显得不合时宜,因此这一时期的文学风格更偏于黄钟大吕的慷慨悲歌。但在20世纪30年代的文坛,这一浅斟低唱的文艺风潮重又复活。其时,周作人、林语堂等一批从启蒙运动中沉静下来的文人似乎厌倦了戍鼓角声的激烈,转而重拾闲适之笔。周作人在《近代文学之源流》中"把现代散文溯源于明末之公安竟陵派,而将郑板桥、李笠翁、金圣叹、金农、袁枚诸人归入一派系,认为现代散文之祖宗"[①],这一观点引起了林语堂对性灵文学的关注。在《四十自叙诗》中,林语堂用很形象的笔触描写了自己读袁氏文字的喜悦之情:近来识得袁宏道,喜从中来乱狂呼。宛似山中遇高士,把其袂兮携其裾。[②] 周作人与林语堂等人曾是《语丝》的主要干将,在该杂志停刊后,他们又分头发行了《骆驼草》和《论语》两种刊物,在文艺风格上依然秉承《语丝》的自由主义和中间立场,却比《语丝》更加闲适。后林语堂又创办《人间世》杂志,更强调闲适和独抒性灵,林语堂在发刊词上说:"宇宙之大,苍蝇之微,皆可取材,故名为人间世。"可以说,他自觉地继承了性灵文学关注生活的传统,也身体力行地创作了大量抒写真情的接地气的作品。

在当代文坛上,虽然未出现以性灵命名的文学派别,但是性灵写作的传统还是在继续。20世纪90年代以来,在宏大叙事话语不再主宰文坛之后,一批曾经被文学史冷落的作家如林语堂、周作人、张爱玲、梁实秋等重新被肯定,他们的作品也一版再版,成为大众读者喜爱的畅销品。人们所看重和喜爱的正是那种闲适、随性、接地气的文艺风格。同时,也出现了很多带有相似性的新作,如汪

① 林语堂:《新旧文学》,《论语》第7期,1932年12月16日。

② 林语堂:《四十自叙诗》,《论语》第49期,1934年9月16日。

曾祺、贾平凹、张洁等人的散文创作。这些作品无不暗合着性灵抒写的文学传统，显示出这一文学思潮的长久影响力。

性灵文学之所以具有持久的生命力，获得诸世代读者的认可，源自它独特的艺术魅力，如素材的朴实性、文字的趣味性等。这往往与庙堂主导的文学风格形成鲜明的对比，从而呈现出文学革新的巨大冲击性。例如性灵文学对于文学创作的思理意蕴层面上理障弊端的涤荡，性灵之祖钟嵘的诗歌理论就是针对其时代“理过其辞”的文学弊病而提出的。宋代严羽在《沧浪诗话》中以情性为诗歌之本，也显示了对以议论和玄谈入诗过甚现象的反思：“夫诗有别材，非关书也；诗有别趣，非关理也。然非多读书、多穷理，则不能极其至，所谓不涉理路、不落言筌者，上也。诗者，吟咏情性也。”[①]再如在打破文学中以文害质的形式主义桎梏方面，性灵文学也做了许多宝贵的努力。袁枚在《随园诗话》卷一中屡次表示诗歌不应该太受韵律约束：“余作诗，雅不喜叠韵、和韵及用古人韵。以为诗写性情，惟吾所适。一韵中有千百字，凭吾所选，尚有用定后不慊意而别改者；何得以一二韵约束为之？既约束，则不得不凑拍；既凑拍，安得有性情哉？《庄子》曰：‘忘足，履之适也。’余亦曰：忘韵，诗之适也。”[②]这位注重饮食品位的文豪还用食材来隐喻作诗之法：“熊掌、豹胎，食之至珍贵者也；生吞活剥，不如一蔬一笋矣。牡丹、芍药，花之至富丽者也；剪彩为之，不如野蓼、山葵。味欲其鲜，趣欲其真。”[③]此处所批评的正是典故滥用的误区，认为这远不如直抒胸臆来得美！在文坛陷入玄理、技巧、浮藻丽辞的网罗中的时候，性灵文学所抒写的人性之美、人情之真、人生之趣往往

① 严羽著，郭绍虞校释：《沧浪诗话校释》，人民文学出版社1983年版，第26页。
② 袁枚著，王英志批注：《随园诗话》，凤凰出版社2009年版，第4页。
③ 袁枚著，王英志批注：《随园诗话》，凤凰出版社2009年版，第14页。

如一阵清风吹迷雾,使文坛呈现出鲜活的生命力!

二、灵之阙如

性灵文学是悠久的中国文学传统,其成就和价值是显而易见的。但在品读性灵文学佳作的过程中,笔者掩卷回味之余,总还有一种怅然若失之感。在性灵文学这个概念中,钥节是性灵二字。笔者所怅的是:性固得畅,灵何以失?

灵是什么?灵有何用?在双希文明史上有对这两个问题的清晰探索。在犹太—基督教哲学中,灵的来源是上帝在创造亚当时往他鼻孔里吹入的那一口气。人和其他一切受造物的不同就在于人有从造物主而来的灵,这是人可以与上帝达成交流、沟通的载体和途径。在亚当犯罪堕落以后,人被驱逐出伊甸园,但在心底里存在着一种寻求上帝、重新建立人神关系的渴望。所以灵的功能就在于渴望永生,向上寻求神,也就是道的本体。在希腊古典哲学中,灵魂也是受造物之一。柏拉图的对话录《蒂迈欧篇》写道,在创造天体等可见之物以前,造物主神用永恒同一的存在和变化可分的存在合成一种不可见的存在,这就是灵魂。灵魂遍布宇宙的各处,它内含着理性与和谐,是最好的被造物。灵魂的功能也被规定为寻求真理。在《裴洞篇》里,苏格拉底和辛弥亚有一番对话:"我们忙里偷闲关心哲学的时候,肉体经常闯进来用喧嚣和混乱打断我们的研究,使我们不能瞥见真理。实际上,我们深信:如果我们想要对某事某物得到纯粹的知识,那就必须摆脱肉体,单用灵魂来观照对象本身。"[①]当雅典的法庭判处苏格拉底死刑的时候,他不是恐惧,而是欣然向往,因为这正是可以摆脱肉体羁绊直面真理的

① 柏拉图:《柏拉图对话集》,王太庆译,商务印书馆2004年版,第206页。

开始。

灵与超验世界的这种密切关系不独在双希文明中有体现，在中文中亦曾如此。性和灵二字在古汉语中本是各有所指的两个词。《中庸》解释说："天命之谓性。"被天所命，意味着不是后天养成的，因此性指的是人先天被赋予的自然秉性。灵则另有所指。灵的写法从甲骨文到楷书经历了复杂的字形变化，该字的上部一直是一个雨字，说明所指与求雨有关。灵字的中间部分有时候是两个口字，有时候是三个口字；有时候添加表示乐器的构字部分，或者表示火把的字，都是表示在求雨活动中有献玉、作乐或者持火把舞蹈等行为，总之求雨时候的仪式是非常壮观的。所以在说文解字中，许慎将其解释为：靈，靈巫，以玉事神。灵的第二种常见解释是神。如先秦典籍《尸子》里记载"天神曰灵"。我国第一部楷书字典《玉篇・巫部》也将其解释为神灵。[①] 如《楚辞・怨思》"合五岳与八灵兮"一语，这里八灵的意思即是指八方之神。除此之外，古人也常将灵与人死亡之后的存在形态相关联，如以下使用中："以告先帝之灵"(诸葛亮《出师表》)、"汝倘有灵"(袁枚《祭妹文》)，这里的灵都指人类死亡以后的存在形态。

概而言之，在古籍中，性指的是人所具有的自然秉性，如《孟子・告子上》所说的人皆有之的心之四端：恻隐之心，羞恶之心，恭敬之心，是非之心，即是性的四种具体体现或表达；所谓的灵则或指神灵，或指与神灵以及死后有关的事。二者的内涵相互区别，是比较明显的。但是在性灵文学的发展中，本应当得到相同重视的性与灵二者却出现一种明显的偏重，即将性的内涵扩大以至完全涵盖了灵，灵则成为一个微末的后缀。

---

① 李学勤主编：《字源》，天津古籍出版社 2012 年版，第 24 页。

这一现象的出现无疑与中国文化的非宗教转向有着密切的关系。

中国文化早期有对神灵和天帝的浓厚兴趣。古代的君王英雄多有一个神圣来源,例如“天命玄鸟,降而生商”(《诗经·商颂·玄鸟》),他们征伐敌人也总是有“夏氏有罪,予畏上帝,不敢不正”(《尚书·汤誓》)这类的堂皇理由,而轻忽了祭祀神灵则足以构成大罪,尘属可以“恭行天之罚”(《尚书·牧誓》)。可见地上的一切活动都需要一个超越性力量提供合理依据。《山海经》《穆天子传》等作品则具体地描绘了上古时期人们心中的神灵世界。屈原的《天问》更是以一种执着的精神叩问上苍:宇宙如何起源,天地何以有之,上古英武之君的事迹如何,企图寻得一个答案。但在中国思想史中,以儒家为主导的反形而上学倾向影响巨大,在孔子所主张的“未知生焉知死”的前提之下,古人对神灵的事渐渐不再执着求问,对天的寻觅终结,并最终以一套礼乐制度形成的行为规范作为安顿心灵的居所。诚如李泽厚所指出的,中国的巫术礼仪在周初彻底分化,一方面发展为巫祝、卜、史的专业职官,其后逐渐流入民间,形成小传统;另一方面,应该说是主要方面,则是经由周公制礼作乐即理性化的体制建树,将天人合一、政教合一的巫的根本特质,制度化地保存延续下来,成为中国文化大传统的核心。[①] 作为马克思所说的上层建筑的形式之一,文学审美这一以知识分子为主体的活动必然地处于文化大传统的直接影响之下。因此,文学领域内对性灵的推崇其实一直重性轻灵甚至有性无灵,也就不难理解了。

这样一种特点对性灵文学的发展是有影响的,具体体现在:灵

---

① 李泽厚:《己卯五说》,中国电影出版社 1999 年版,第 59 页。

所具有的对超验和真理世界的探索热情隐没了。灵魂寻求真理的功能是人的欲望、情感、意志层次都不能具备或替代的。所以在文论历史上，诗歌因其只能模仿影子的影子（柏拉图论）、不能呈现真理（奥古斯丁论）而被放逐，又因其对真理的暗示、象征（阿奎那、但丁论）或揭示以致使真理趋于到场（海德格尔论）而被上升到本体论的高度地位。文学与真理的关系总是密不可分的。然而一旦隐没“灵”的层次，使性灵等于性情，作家的眼光就不会去仰望星空，而是一直平行地聚焦于红尘人间。于是，性灵文学的书写体现出一些显著的特征：以经验世界排挤原理世界；以摹写真实取代洞察真理。因此我们看到，性灵文学也大力推崇真，但这个真一直停留于合乎经验世界的真实层次上，不外乎性情之真、生活之真、感受之真。如袁宏道所说：“故吾谓今之诗文不传矣。其万一传者，或今闾阎妇人孺子所唱《擘破玉》《打草竿》之类，犹是无闻无识真人所作，故多真声，不效颦于汉、魏，不学步于盛唐，任性而发，尚能通于人之喜怒哀乐、嗜好情欲，是可喜也。”①

对真的追求一直胶着于真实，使性灵文学无法达到更深的灵性思考。即便是在关切人的终极存在的话题上，性灵文学的着笔也会呈现出一个特点，或者止于抒情，或者轻忽地滑过，转头离去，难有思理深致的点睛之笔。例如在关于生死问题的书写上。

袁枚的《祭妹文》是写给死去的三妹的，文章记述三妹短暂而不幸的人生后，扼腕叹曰：

> 除吾死外，当无见期。吾又不知何日死，可以见汝；而死后之有知无知，与得见不得见，又卒难明也。然则抱此无涯之

① 袁宏道著，钱伯城笺校：《袁宏道集笺校》，上海古籍出版社 1981 年版，第 188 页。

> 憾,天乎人乎!而竟已乎……予虽亲在未敢言老,而齿危发秃,暗里自知;知在人间,尚复几日?阿品远官河南,亦无子女,九族无可继者。汝死我葬,我死谁埋?汝倘有灵,可能告我?呜呼!生前既不可想,身后又不可知;哭汝既不闻汝言,奠汝又不见汝食。纸灰飞扬,朔风野大,阿兄归矣,犹屡屡回头望汝也。呜呼哀哉!呜呼哀哉![①]

这段文字似乎和着泪水哭出来,情感真挚,令人读之落泪断肠。可见死亡给人类带来何等大的悲痛!生前不可想身后不可知,令人绝望!其实,不是身后不可知,而是不欲知,不欲穷究其理。在普遍的看法里,人们以为人死如灯灭,或者有一些阎罗殿、地狱阴间之类不确实的说法,但是并没有谁愿意认真追究人死后的状况、灵魂的归宿。在这里,袁枚亦如是。抒情而已,哭完就完了,卡塔西斯[②]过后,戛然结笔,不做他想,亦不深想!

沈复的《浮生六记》也写到生离死别。芸娘的可爱,以及不同于多数女子的洒脱豪爽,令人过目不忘。在文学史上,描写欢场女子、妙龄少女的作品不计其数,但是描写一位妻子、主妇并且写得如此成功,确实不多。正因为可爱可亲,芸娘的去世就特别令人伤感和惋惜。这样一位近乎完美的贤妻,居然在中年客死他乡,死前无力求医延命,临死见不到一双牵肠挂肚的小儿女,死后甚至连丧葬都困难。作者写自己思念亡妻,在回煞之期,按照风俗习惯,将房间内摆设得如同死者活着的时候一样,等候其魂魄回来。周围

---

① 袁枚著,周本淳标校:《小仓山房诗文集》,上海古籍出版社 1988 年影印版,第 1436—1437 页。

② 卡塔西斯,希腊语 katharsis 的音译,指陶冶或净化。亚里士多德《诗学》第 6 章用这个术语表示:悲剧通过引发怜悯和恐惧使这些情感得到疏泄。

邻居都离家避邪，唯恐沾着遭殃，作者却痴心等候妻子魂魄归来。沈复看见室内妻子曾经用过的被褥衣服和其他物品，痛哭不止。在深入骨髓的孤独与痛苦体会中，本欲期待博学多思的作者会就人人不免的生死问题有些启发性的阐述，以助读者。没想到，此后的文字却转向一种诡异的奇观性书写。作者大肆渲染：一阵阴风之后，灯烛何等昏惨，火舌一时欲灭又一时高燃，自己吓得"毛骨悚然，通体寒栗"。读来似乎在看古代版《盗墓笔记》，实在如隔靴搔痒，不能尽兴。沈复谋馆养生之前去妻子坟上祝祷：卿若有灵，佑我图得一馆。但转身离去之后，他仍然自在浪游，只是不如有妻子陪同时那样快乐而已。

在任何可以拷问生死大关的地方，诗人们或者止于哀哭，或者以丝绸般柔滑的笔墨一言带过，继续逍遥，不去追问更为深刻或本质的东西。而我们做读者的，也在欣赏和赞叹这样的文字时，把死亡变成一场审美体验。

刘小枫有段话说："当人感到处身于其中的世界与自己离异时，有两条道路可能让人在肯定价值真实的前提下重新聚合分离了的世界。一条是审美之路，它将有限的生命领入一个在沉醉中歌唱的世界，仿佛有限的生存虽然悲戚、却是迷人且令人沉醉的。另一条是救赎之路，这条道理的终极是：人、世界和历史的欠然在一个超世上帝的神性怀抱中得到爱的救护……审美态度依凭生命的各种感官、本能和情感诗化人生，使世界转换成形式图画，灵魂由此得到天然逸乐的安宁，在超然之中享受生命的全部激情，无需担心因卷入激情造成的毁灭。"[①]性灵文学对人生要义的处理正是典型地体现了这种审美主义的选择。作家们在心灵层面把一切对

---

① 刘小枫：《拯救与逍遥》，华东师范大学出版社2007年版，第35页。

象都审美化地看待,把许多深刻而尖锐的问题软化为一个美学问题。在那些非常锐利、痛苦的时刻,人们非常巧妙地避开那尖锐的地方。

这种态度使得性灵文学始终盘桓在今生的琐屑中,可以陶情、娱性,终难以激人灵智。可以说,性灵文学在一定程度上体现了现实关怀,但与终极关怀保持着极为遥远的距离。诚如有学者指出的,“中国艺术的存在无疑拓展了人类艺术的广度,例如弹琴放歌、登高作赋……行住坐卧……投壶射覆……尽管取得了很大成就,但是更多地局限在艺术的形而下的层面、艺术的非本质的层面……相对于关注灵魂,它关注的是肉体;相对于关注生命,它关注的是自然;相对于灵魂旅程,它只是心路历程”[①]。而为了把今生的存在表现得足够有魅力,作家们就陷入对趣味性的迷狂式追求中,甚至不惜放逐大道,因为“入理愈深去趣愈远”(袁宏道语)。林语堂也讨厌做一个灵心高贵而无趣的动物,不厌其烦地谈眼泪,谈睡觉的艺术,谈安卧眠床、坐在椅中,谈梳子篦子,谈叩头的柔软体操价值,谈踢屁股(以上都是林语堂散文题目)。在有限的人生中穷究无限的趣味,这种固执最终导致性灵文学走向趣味的滥俗,甚至要为一时代文风的颓废背负责任。晚清朱庭珍在《筱园诗话》中曾严词斥责以袁枚与赵翼为代表的性灵诗派,认为他们“误以鄙俚浅滑为自然,尖酸佻巧为聪明,谐谑游戏为风趣,粗恶颓放为豪雄,轻薄卑靡为天真,淫秽浪荡为艳情”,这种无视格律和学问根底的作品“谬种蔓延,流毒天下”。[②] 这个评价虽然有些过甚其词,但

① 潘知常:《头顶的星空:美学与终极关怀》,广西师范大学出版社 2016 年版,第 59 页。

② 朱庭珍:《筱园诗话》卷 2—24,续修《四库全书》集部 1708 册,浙江图书馆藏清光绪十年刻本。

确实点到了性灵文学在趣味性追求上的病症。林语堂也被鲁迅反复提醒:中国目前的境况,大谈西洋式的幽默是不合适的。鲁迅还发表《天生蛮性》一文讥讽林语堂,全文只有三句话:辜鸿铭先生赞小脚,郑孝胥先生讲王道,林语堂先生谈性灵。众所周知,辜鸿铭为前清遗老,郑孝胥为日本扶持的伪满洲政权高官,把林语堂这位昔日盟友与这样两个人并论,可见鲁迅对林氏在国将不国的处境里侈谈闲适的不满。

性灵文学在其开始是令人耳目一新的清流,但没有灵的提契,最终不免沦入滥情,甚至以无聊为有趣的自娱自乐之地。

三、拾灵性之遗,补性灵之缺

性灵文学所遭遇的瓶颈是因为在其发展中失去了灵的超越性,而只能向下一味体恤人的情感、欲望。因此欲解此弊不能不求助于对灵性高度的追求。

其实,在中国文坛,还有一种微小而断续的声音,是关于灵性文学的呼声。灵性文学的说法,最早是在老舍发表在 20 世纪 40 年代的一篇演讲中提出的。

1941 年 2 月,老舍在佛教刊物《海潮音》上发表文章,提出灵的文学的概念。他盛赞但丁的《神曲》能够脱离开世间生活的羁束,以意大利白话文为西方开辟了灵的文学的新领域,“从中世纪一直到今日,西洋文学却离不开灵的生活,这灵的文学就成了欧洲文艺强有力的传统,反观中国的文学,专谈人与人的关系,没有一部和《神曲》类似的作品,纵或有一、二部涉及灵的生活,但也不深刻”①。在这里,老舍意识到中国文学在超越性维度上的欠缺,即

---

① 老舍原文载 1941 年 2 月 1 日佛学月刊《海潮音》第 22 卷第 2 号。

或有关乎灵的探讨,也多是因果报应作品,“都不是以灵的生活做骨干底灵的文字”。老舍热切地希望有灵的文学诞生,因此呼吁佛教人士起来推动此事,但究竟这灵的文学是什么特点,除了关乎灵魂,可以唤醒人的良知之外,也并没有具体的阐述。

在中国现代作家的创作中,以灵的生活做骨干的创作虽然少见,但也还是有一些创作体现出对人类的灵魂状态的关注。如鲁迅的散文和小说具有的思想深度往往与他对灵魂沉沦的批判有关。在《狂人日记》中,鲁迅借着迫害妄想症患者的疯言疯语写下了以下文字:“有了四千年吃人履历的我,当初虽然不知道,现在明白,难见真的人!”“你们立刻改了,从真心改起!你们要晓得将来是容不得吃人的人……”字里行间对封建家庭制度吃人本质的批判、对自我灵魂的深刻剖析令人触目惊心,作者在结尾处喊出的“救救孩子”的呼声无疑也表达了对救赎的渴望!相比于鲁迅的犀利与冷峻,许地山的灵性写作则是另外一番意味。他作品中的人物过着衣食住行生老病死的日子,但总有一种出离烟火气息的超然气质在中间。他们的手劳作今生的事,目光却仿佛瞭望着“最终的地方,都是在对岸那很高、很远、很暗,且不能用平常的舟车达到底”(《无法投递之邮件》)。他的小说集《缀网劳蛛》中的男女,虽然所过的日子在世人看来乐趣不足,甚至极为不幸,但仍然在苦楚中保有平安、喜悦的心灵。

在当代文学中,也有一些作品在意蕴上体现出一种灵性探索的高度,如张晓风的话剧《和氏璧》。故事取材于《韩非子》所记载的卞和献玉的故事。卞和在荆山发现了一块璞玉,他确信在那粗糙的外表里面包藏着一块稀世美玉,他把这块璞玉献给楚厉王,楚厉王命玉匠来审断,认为这只是一块普通的石头,卞和为此被砍掉左脚。楚武王登基后,卞和再次献玉,仍不获信任,卞和失去右脚。

但卞和认定自己的使命乃是使世人认识这一美玉，确信在污浊的世代仍然有清洁的存在，因此即便为献玉遭此大难，仍不灰心。楚文王登基，他双手匍匐行到楚宫，这一次终于得到楚文王的信任，使一块绝世美玉得到应得的肯定。《和氏璧》的故事内容看起来是非常古老而为人熟知的，但在张晓风的处理中，却用这个常见的典故寄寓了一个富有哲理性和超越性的话题：在一个怀疑主义盛行的、犬儒主义的世代，还要不要相信什么？在剧中，卞和和师弟在荆山发现了璞玉，卞和的师弟不但不相信石头内有玉，也劝卞和不要为此执着："信仰爱心和希望是一件多么容易令人受伤的事。不爱的人永远不会心碎，不信仰的人永远不会受骗，根本不怀有希望的人谁能令他绝望……这是一个习惯拒绝的世界。即使这是一块真玉，师兄，我也劝你把它丢入脚下的万丈深渊吧……为一种真实、为一种信仰，要付的代价太大——不是你我这种小民出得起的——丢掉它吧。"(《和氏璧》第三场)卞和的妻子也劝他："我们的米缸就要空了，我们的柴也将烧完了，楚宫还在很遥远的地方——玉算什么呢？难道生活不是一切吗？"(《和氏璧》第四场)为了使楚王确信和认识这块美玉，卞和用漫长的一生和沉重的代价不懈地奔波。他失去了母亲、独生女儿，被世人嘲笑，他哀叹"美好的璧玉任人视为石头，忠贞的爱由人唾弃为虚谎"，但是他仍然愿意以柔弱的肩膀挑起一生的苦难，"在这惯于否定的世代里，为真理作致命式的肯定"。可以说，卞和近乎是一个安提戈涅式的理想人物！正像这位年轻的忒拜孤女为了维护神圣的天条而不惜以弱躯违逆可怕的王命，以赴死向那个懦弱的世代夸胜，张晓风也借着卞和表达了肯定对否定的争战、信心对怀疑的争战、奉献对拒绝的争战。

张晓风的另一剧作《武陵人》则通过武陵渔夫黄道真的三个变体探讨了生存的意义问题。剧中的黑衣黄道真代表了人的世俗生活,白衣黄道真则代表了灵魂的觉醒。武陵渔夫黄道真误入桃花源,黑衣人劝他在这里娶妻生子,逍遥度日;但白衣人却提示他:桃花源人所享有的只是一种次等的幸福,而武陵虽然有战乱困顿,但是在丑恶里人还有希望和梦想,并且愿意在苦难里孜孜以求第一等的美善。黄道真在与桃花源人的相处中也发现,桃花源只有舒服、安静、令人发狂的幸福,这里的人注定要在欢乐中沉沦,故此,他宁愿选择回到武陵,"以艰难为饼、以困苦为水,并且在长久的磨难里,切切地渴想着天国",而不甘于"被一种次等的幸福麻痹了灵魂,被一种仿制的天国消灭了决心"。这些作品虽然都采用了古老的素材,却以一种更具超越性的视角切入故事肌理中,探讨了许多有终极关怀色彩的话题。

在北村的创作中,灵性维度的自觉追求同样显得较为突出,他的作品大都着笔于精神毁灭的深层困境,对心灵世界的细微悸动保持着敏感的洞察。在诗歌《弟弟》中,北村塑造了为着爱情的追寻而乐意衣衫褴褛的弟弟,他"纵有烈火之心/也收不尽一滴眼泪";在《思念》中诗人表达了自己灵魂向至高者的切近与追寻的战栗体验:

第一次见到你就弄瞎了我
从此以后只能由你引路
第一次听见你就失了聪
从此以后只能抚摸你
第一次拥抱就病了
只能在你怀里颤抖
第一次爱你就已死去
只能由你掩埋
从此你在哪里

我也在那里
在我们的灵魂和灵魂之间
只有安息是神圣的
呼吸多么均匀
面容多么清晰
只是当我起身离开时
突然感到沉重
沉重无比

灵性维度在上述这些作家的创作中或多或少有所体现，只是未能成为一种新的文学范畴。但是，这样一种文艺新风在学术和出版界也曾略微地留下几个浅浅的脚印。

2008年10月，在上海师范大学举办了"灵性文学"国际学术研讨会。会议上，旅美华裔作家施玮提出了"灵性文学"的概念，指出：提出"灵性文学"这一文学概念，是基于人是有灵魂的存在这一人论认识的，灵性文学由此在思想、体验、语言等方面形成自己的独特性，并体现为三个层面：(1) 有灵活人的写作；(2) 呈现有灵活人的思想与生活；(3) 启示出住在人里面的灵的属性。[①] 正如中国古人所说的，人乃是灵气所钟；圣经的人论中，人亦秉有上帝的气息和形象，成为一个有灵的活人，因此既可以感应、领受奥秘，也可以对此做出回应：因此文学必然成为记录着感应、回应以及启示的载体，从而使人类的心灵生活具有某种超越性的维度。施玮本人创作了大量体现这一功能和特征的诗歌、小说、散文、绘画作品，并主持出版了《灵性文学》丛书，包括散文、诗歌、小说、长篇小说等共

① 施玮：《灵性与灵性文学》，见包兆会主编：《汉语光与盐文丛·理论卷》，九州出版社2019年版，第276—292页。

5卷,选编了北村、张晓风、鲁西西等海内外一百多位当代作家的作品,堪称是当代灵性文学创作的一次集中展示。在诸种文学传统面前,灵性文学还是一棵非常稚嫩的幼苗,但它在文学理念和创作实践上的尝试仍然具有重要意义。

其最突出的一点,就在于对文学的超越性维度的持守。

在中国传统的文化语境中,对超越的理解始终持守一种与经验世界不做切割的特点。诚如朱良志先生所指出的,这是一种"悬在太空式的超越":"挣脱现实,又不离现实,志在飞旋,又不在飞旋本身。"[①]仅以性灵诗歌和小品文之一管也可以窥见,在中国精致渊深的艺术中,建构了一个多么精妙绝伦的心灵家园。人们在山林田园之间寄放心灵,在花鸟虫鱼之间陶养性情,这里有最细腻的工笔描写,最风雅的群居雅集,有个人的参悟,有最智慧的对答与颖悟。中国的士人阶层进可以建功立业,退可以隐逸山林、游戏于文字笔墨间。可以说,儒家和庄禅之学以及轻盈柔软的毛笔宣纸已经使中国的知识阶层实现了人生一切的追求。然而,这种超越的不彻底性也是随处可见的。我们在性灵文学的温香软玉与闲适幽默中,仍不免窥见生存之惨淡与荒凉!没有芸娘的岁月,沈复的浪游记略虽然珍玩奇闻更多,却失去了文字和性情的温度,生命只剩下无趣的长度。他与模样类似芸娘的妓妾狎昵,却永远无法返抵往昔。一切艳遇都不过像一场吊丧!这建筑在死亡之阱上的欢乐和闲适,不是像一张最脆弱的纸?如何能够摆脱地球重力实现这样优雅的悬浮式超越?反观中国文学史的另一面,那些闲雅的士大夫们也曾经半夜弹琴复长啸、拣尽寒枝不肯栖。屈原的投身汨罗,竹林七贤的痴狂,徐文长的疯癫,鲁迅的呐喊,以及海子卧

① 朱良志:《中国美学十五讲》,北京大学出版社2006年版,第96页。

轨……都在绘制一幅疯癫与文明的地图。他们内心有着深刻的撕裂或者挣扎。心游如此疲惫，现世的美并未使他们心魂安顿，灵魂仍在寻求一种更深更高的归宿。笔者深信，这就是人内心深处终极关怀的觉醒和寻求，正有待于灵性敏锐的作家们以文字为翼，勇敢飞入荆棘与玫瑰并生的存在之深处，予以探索和表现。

第五章　摄影一例:中国画意摄影

摄影术是19世纪一项重要的发明。1839年1月初,法国科学院秘书长阿拉贡宣布达盖尔银版摄影法问世。这一可以记录和再现影像的技术很快风靡欧洲和美国。在摄影术发明后十几年后,摄影的美学问题就受到了广泛重视。19世纪50年代以后,人们不再满足于摄影逼真记录现实的单纯功能,而在审美上提出了更高的期许。画意摄影由此兴起!

第一节　画意摄影的发展

一、西方画意摄影的发展

其实,摄影术的主要发明者达盖尔本人就是一位训练有素的画家,他曾做过剧院的布景总监,也曾长期经营透视画[①]生意,堪

---

① 透视画(Diorama)是一种立体布景展示活动,通常在一个绘制好的背景墙前面放置人物、动物、植物等展品的造像,形成一定的自然风光、历史事件场景,再辅助以多重变换的光照,使观众收获逼真的视觉效果。

称“布景师、室内设计师和舞台幻想效果的专家”[1]！这种集艺术家与摄影家职任于一身的现象在当时相当普遍。19世纪50年代末期的巴黎摄影协会拥有130人，但只有30多个是专业摄影师，其他人大部分是摄影爱好者，其中有相当数量的作家、艺术家、有闲贵族。从摄影者的艺术素养状况来推测也可知，早期摄影的整体审美水准不会太差。正如古斯塔夫·勒·格雷所说的：“我的愿望是摄影不要降格到工业或商业领域，它是一种艺术。这是它唯一真正的位置。”[2]画意摄影的产生正是早期摄影家这一艺术追求的必然结果。

画意摄影是19世纪50年代从英国兴起并在欧洲和美国持续半个多世纪的一股摄影潮流。最初一批画意摄影家被称为高艺术摄影派(High-Art Photography)，是一种深受拉斐尔前派绘画影响的摄影流派，其代表人物包括奥斯卡·古斯塔夫·雷兰德、亨利·佩奇·罗宾逊、茱莉亚·玛格丽特·卡梅隆夫人等。我们从其中一些代表性作品中可以管窥到当时的画意摄影和传统艺术之间复杂的关系。

罗宾逊最为人称道的是充满着伤感浪漫情调的合成作品《弥留》。其实，他以少女与死亡为题材的杰作还有不少，例如《女郎夏洛特》。这是罗宾逊根据英国维多利亚时代的桂冠诗人阿尔弗雷德·丁尼生的诗歌《女郎夏洛特》拍摄的作品。这首取材于中世纪传奇的诗歌描绘的是，女郎夏洛特是一个被囚禁于孤岛塔顶的年轻姑娘，她被诅咒不可离开塔，否则有亡命之忧，但可以通过一面镜子看到外面的世界。夏洛特终年枯坐在镜子前，把自己观察到

---

① 安德烈·冈特尔、米歇尔·普瓦韦尔：《世界摄影艺术史》，赵欣、王帅译，中国摄影出版社2016年版，第13页。

② 昆汀·巴耶克：《摄影术的诞生》，刘征译，中国摄影出版社2015年版，第95页。

的世界万象织进挂毯中。有一天，骑士兰斯洛特出现在镜子里，夏洛特一见钟情，毅然剪断纺线冲出禁塔，坐船去寻找兰斯洛特。小船载着夏洛特沿河漂流，进入死亡的静谧中。

在 19 世纪，曾经有许多画家描绘过夏洛特的形象。不少画家选取的是夏洛特在镜像面前凝思或者毅然决然地剪断纺线冲出禁塔的片段，而罗宾逊选择的是她沉入死亡的瞬间。罗宾逊采用了多底片合成洗印的创作手段，所构成的画面形成一个典雅的圆弧形上轮廓，在丛丛花木环绕的水上，漂着一艘小船，船上刻着夏洛特女郎的名字，女主人公躺在船舱中间，静静地泊在水面上，一动不动，小船和树木的影子完好。河岸、树木、船和女郎都呈同一水平线的横向陈列，整个画面呈现出一种强烈的静态感。

在这个作品中，罗宾逊对素材的剪取和构图设计都有着拉斐尔前派画家约翰・埃弗里特・米莱斯影响的印记，《女郎夏洛特》与米莱斯的《奥菲利亚》极为接近。米莱斯的画作取材于莎士比亚的戏剧，表现了奥菲利亚因爱成伤、疯癫溺水的不幸结局。两幅作品都描绘了妙龄女郎在水中死去的画面，周围环境的生机勃勃和人物生命的猝然终结形成一种奇异的张力，两幅作品也都采用了水平构图，并在上部形成了一个弧形的轮廓。

透过《女郎夏洛特》这幅用现代光学技术完成的作品，我们看到了摄影背后多种古老艺术的影子——绘画提供了构图造型的灵感，诗歌提供了人物和故事，戏剧的影响看似比较弱，实则是最深的。《女郎夏洛特》无疑是一幅扮演和摆拍的杰作，这正是早期画意摄影最常采用的创作形式。雷兰德的《两种人生》，罗宾逊的《弥留》，以及卡梅隆夫人那些取材于神话、戏剧的摄影作品在一定程度上等于后来的剧照。

因此我们看到，最晚诞生的摄影从一开始就是一门极具综合

图 5－1　罗宾逊《女郎夏洛特》(1861 年)

图 5－2　米莱斯《奥菲利亚》(1852 年)

性的艺术，诗歌、戏剧、绘画……各门古老艺术都为它提供了得天独厚的便利条件。尽管波德莱尔等人对新兴的摄影艺术非常厌恶，但也有开明人士如安托万·维尔茨看到新技术的友好："请不要认为达盖尔感光板会残杀艺术。当达盖尔感光板这个巨大的儿童长大成熟时，当它所有的力气和威力都发展起来时，这时艺术之魂便会把它逮住，并且大声高喊：'你是我的！你现在是我的。让我们携手合作吧！'"[①]事实上，摄影以其复现实物实景的强大功能很快就俘虏了社会各界人士的心，画家们也喜欢先把模特拍下来，根据照片进行绘画。1869 年，罗宾逊的《摄影的画意效果》出版，从理论上为画意摄影提出了与绘画艺术相比肩的艺术原则。

19 世纪中期，高艺术摄影派的画意作品开始在一些艺术展览中崭露头角。1857 年的曼彻斯特艺术珍品展上，雷兰德拍摄制作的《两种人生》大获成功，并被维多利亚女王买下作为礼物赠送给丈夫。这幅作品是雷兰德雇请 25 位模特进行扮演、分别拍摄后用 30 多张底片组合洗印而成的。作品中，年迈的父亲和两个儿子居于画面中间，左右分别有一组生活场景：一边是穷奢极欲、纸醉金迷，一边是勤劳做工、读书祈祷。作品洋溢着宗教和道德劝谕的意味，其宏伟的构图则堪称是对拉斐尔《雅典学园》的致敬之作。设置场景、模特化妆摆拍、底片组合洗印、致敬文学或绘画经典，这是当时非常流行的画意摄影策略。

但在 19 世纪晚期，正如绘画界的一代新秀厌倦了学院派古典主义绘画的陈规陋习、开始走向自然写生一样，画意摄影界也出现了一种告别矫揉造作的摆拍、崇尚真实自然风格的思潮。彼得·亨利·爱默森在 1889 年出版的《面向艺术学生的自然主义摄影》

---

① 瓦尔特·本雅明：《摄影小史》，许绮玲、林志明译，广西师范大学出版社 2017 年版，第 145 页。

图 5－3　奥斯卡·古斯塔夫·雷兰德《两种人生》(1857 年)

(*Naturalist Photography for Students of Art*)中提出,摄影应该放弃对绘画的依赖,回到其本位,也就是通过镜头“表达对自然的印象,使其尽可能地与眼中所看到的景象相似”①。在这一主张之下,爱默森、辛顿、萨克利夫等摄影家拍摄了许多自然风光、农业、渔业劳动等题材的质朴作品。

20 世纪初期,美国的施蒂格利茨发起了摄影分离派运动,这一运动一方面承认绘画是摄影的目的、承袭了欧洲艺术摄影的画意追求,另一方面也在往相反的方向开拓新路。施蒂格利茨越来越少依赖于摆拍、底片加工等手段,而是带着便携式相机在美国大街小巷进行现场抓拍,使其摄影作品更加具有即时性、动态感和真实性。摄影逐渐走出与绘画纠结的模糊地带,成为具有独立特质和品格的现代艺术门类。画意摄影遂不再独领风骚,而成为摄影大家族中普通的一员!

---

① 安德烈·冈特尔、米歇尔·普瓦韦尔:《世界摄影艺术史》,赵欣、王帅译,中国摄影出版社 2016 年版,第 191 页。

二、中国画意摄影的兴起与发展

摄影术在诞生5年后(约1844年)就传入中国。当时,法国人儒勒·依蒂耶(Jules Itier,1843—1846年在职)在中国海关工作,他曾经用自己的银版照相机为两广总督耆英拍摄了一组照片。

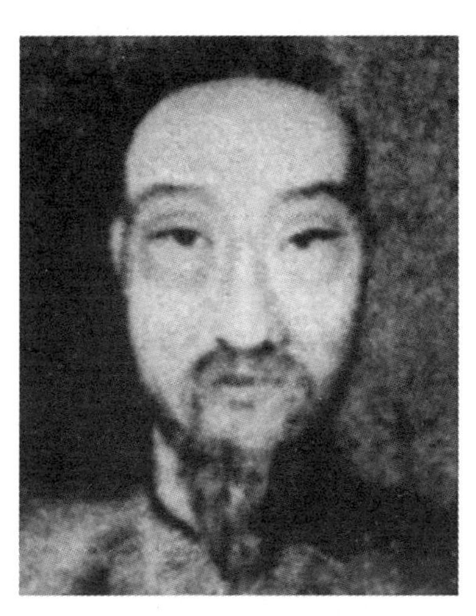

图5-4　依蒂耶为耆英拍摄的照片

清人周寿昌的《思益堂日札》写到,他在道光丙午年(1846年)在广州见到了"取影器"。两相对照,大约耆英这组照片就是中国最早的人像摄影记录了。广州人对摄影术采取的态度似乎远比中原人更开放和接纳,19世纪50年代就有了本地的照相馆。但在幅员广阔的内陆,风闻摄影术的国人还是比较害怕这个新玩意儿的,人们普遍认为摄影会把人的灵魂摄走,摄影术当时又被称为摄魂术。英国人约翰·汤姆逊1868—1872年在中国旅行拍照,所到之处常常被人丢石头,就是因为人们害怕被他的照相机摄走灵魂。因此,中国最早的摄影活动主要是一些西方摄影家、传教士、外交官等的旅行摄影。但在19世纪晚期,由于新闻出版业的发展,报纸杂志有刊登新闻图片的需要，本土的新闻摄影渐渐兴起；同时，以人像摄影为主要业务的照相馆也在北京、武汉等地零星出现。

中国早期摄影以纪实记录为主要功能，以艺术美感为追求的画意摄影在20世纪初才出现。在国弱民穷、摄影技术尚未普及的当时，画意摄影只能是极少数皇室成员、王公贵族或财阀富庶子弟可以尝试的洋玩意儿，因此晚清留下来的摄影作品中可算是画意摄影的屈指可数。

裕勋龄为慈禧太后拍摄的一些化装情景照与英国高艺术摄影非常接近。裕勋龄的父亲裕庚曾做过清朝的驻日本、法国公使，裕勋龄在随父亲旅居日欧期间学习了摄影术。据裕勋龄妹妹德龄郡主的回忆录《宫中二年记》记载，慈禧太后看到御前女官德龄的照片，对摄影术产生兴趣，召裕勋龄入宫为自己拍照。在1903—1905年，裕勋龄为慈禧太后拍摄了大量不同装束和场景的照片；其中慈禧七旬寿诞前拍摄的一组化装照尤为别致。画面中，慈禧太后扮作观音菩萨，端坐于竹海、莲花中间，神态安详；太监和女官则扮作观音的侍从弟子围绕左右。这些照片的画面结构规整匀称，用光非常柔和，画质精美。裕勋龄为慈禧太后拍摄的一些精致的单人特写也成为当时西洋画师绘制慈禧油画肖像的重要参考。

清朝灭亡、民国建立以后，摄影逐渐成为有闲阶级重要的娱乐方式，照相也成为一种新的时尚，华南华北的大中城市都出现了时髦的照相馆。在20世纪20年代，上海、北京、广州等地的照相馆形成了“美术照相”的时尚，摄影界也涌现了一批追求画意之美的摄影家。其中有职业摄影家，如上海宝记照相馆第二代经理欧阳慧锵，华社（中华摄影学社）代表人物郎静山、陈万里等；也有兼擅或者热爱摄影的文人雅士，如刘半农、丰子恺、周瘦鹃等。在组织上，形成了以北京光社、上海华社、黑白社等为代表的摄影社团，举

图 5－5　裕勋龄为慈禧太后拍摄的化装照

办的影会、出版的杂志甚多，产生了画意摄影发展的一个小高潮。

在 20 世纪 30 年代，由于画意摄影比较偏重于追求形式美，遭遇到脱离生活实际等方面的批评。尤其是当日军入侵后，国家处于战乱危难中，用摄影反映现实、宣传抗战的呼声很高，唯美情调的画意摄影则显得不合时宜。1949 年以后，摄影为人民服务、为政治服务成为任务主导，摄影的新闻宣传作用被凸显，带有浓厚沙龙意味的画意摄影遂告沉寂。在台湾、香港等地区，由于郎静山、陈复礼等人的推动，画意摄影仍然延续比较良性的发展。20 世纪 60 年代以后，由于电影电视这些动态影像艺术的兴盛，摄影的纪实功能被分担，反而越来越多地回归到审美领域。在大陆，随着“文革”的结束，画意摄影再度复苏。1979 年 4 月在北京举办的“自然·社会·人”影展上，召集人王志平在展览前言中提出：新闻图片不能代替摄影艺术……摄影作为一种艺术，有它本身特有的语言。是时候了,正像用经济手段管理经济一样,也该用艺术语言来研究艺术。[①] 在四月影会的作品中,已经显示出企图使摄影摆脱宣传用具的禁锢、追求画意的苗头。20 世纪 80 年代是中国艺术接受西方各方面洗礼的一个时期,在摄影理论和实践上也处于对各种西式思潮的模仿之中。20 世纪 90 年代以后,中国出现了新一代的画意摄影家,开始重新接续本土的艺术传统。以姚璐、洪磊、杨泳梁、陈农等人为代表,有的在摄影的素材、题材上使用中国的元素,有的则对中国古典绘画作品进行再创造,形成了新的画意摄影景观。

第二节　生态张力:对绘画的依赖与逃离

在中国画意摄影的发展中,有一个非常突出的现象值得探索,那就是画意摄影对中国古典绘画传统的高度依赖,这既是中国画意摄影可以厕身于世界摄影界的出路,也造成它的局限和瓶颈。可以说,对绘画的依赖与逃离、膜拜与叛逆是画意摄影界最有张力性的一种生长态势。

一、匍匐于国画传统下

中国画意摄影生发于一个特殊的历史境遇中。

20 世纪初,新文化运动影响了文艺活动的各个层次和领域,包括绘画,一种中国画已经衰败的呼声不时传出。康有为《万木草堂藏画目》认为,中国画衰败的原因在于画论方面的错误。画字的

① 编委会:《永远的四月》,香港中国书局 1999 年版,第 88 页。

本意为“形”,包含着对于形似的追求,但自从元明以后盲目地追求逸笔,推崇枯淡写意,抛弃了宋代院体画的写形传统,从而使“中国画学至国朝而衰弊极矣”(康有为语)。针对这一论调,尽管也出现了以金城、陈师曾等人为代表的中国画学研究会的反击,但是总体上唱衰国画的声调比较高。与此同时,西画流行,甚至国画界也纷纷接受了西画的影响。不但徐悲鸿、林风眠的创作都迥异于传统国画,就连金城的创作也可以看到西画的影响,一些画作有明显的突出线条之感,《秋山雨后》图中,传统上会做留白处理的天空也画上了色彩。

然而就在国画式微的处境中,画意摄影作为一种舶来的艺术门类,却出现了对中国古典绘画传统的竭力追随。

20 世纪的摄影家在一开始就有一种向古典绘画靠拢的自觉追求。例如郎静山就主动以谢赫的六法作为自己创作的圭臬。第一代摄影家的作品在审美格调和内在精神上都非常契合于国画。这种特点的形成首先是因为第一代的画意摄影家仍然处于古典文化传统的影响之下,也大都有着非常好的古典艺术功底。出版了中国第一部个人摄影作品集的陈万里是一位具有深厚古典文化积淀的陶瓷艺术专家,叶圣陶在为他的《大风集》做推广时,称“陈万里先生富于艺术天才,文艺、戏曲、绘画、书法,他没有一项不笃好,也没有一项不竭思尽力去擘摩”[①]。华社骨干胡伯翔的父亲胡郯卿是有造诣的国画家,因此胡伯翔自幼受到浓厚的国艺熏陶;郎静山、陈复礼、张印泉也都具有很好的国画功底。当这一批摄影家拿起相机这种新媒介进行创作的时候,从国画而来的灵感就构成他们这一代人最大的源文本。

---

① 叶至善、叶至美、叶至诚编:《叶圣陶集》(第 18 卷),江苏教育出版社 1994 年,第 336—337 页。

在上述艺术家中，郎静山在模仿古画方面的成就是最高的，其著称于世的是集锦摄影。所谓集锦摄影，与雷兰德、罗宾逊的合成叠放术大同小异，也是通过多种底片剪辑组合进行创作。

郎静山认为，集锦摄影可以补救摄影的局限，例如摄影取景焦点固定，为平视透视，不如中国绘画能鸟瞰透视；把自然景物经过意匠及手术经营后却天衣无缝，移花接木、旋乾转坤，恍若出乎自然。"乃将所得之局部，加以人意而组合之使成完璧，此即吾国绘画之所谓经营位置者也。"[①]在《摄影与中国绘画艺术》中，郎静山从色调、透视、位置、气韵、品格五个方面谈摄影具有绘画的特点，使摄影作品能具有中国画的形貌与意境。在这样的创作中，拍摄只是积攒素材，更重要的创作环节在于进行草图设计，并根据草图需要对这些素材进行剪辑、拼贴，借助暗房冲洗环节组合为一个完整的作品。如此制作出来的作品几乎就是一幅典型的写意国画，其素材、构图、色调、意蕴都与国画相合，唯一的区别就是借助摄影技术和器材完成了图案的采集。1949 年以后，移步港台发展起来的画意摄影也多着意于追求中国画的美感。香港陈复礼的摄影也通过剪辑拼贴的方式构造具有中国特色的摄影作品，如 1952 年的作品《彷徨》，就是由一张鸟站在枯树上的底片和一张山水风光底片合成。在大陆，即便经历了"文革"对传统文化的摧残，但是古典绘画的原则仍然影响着艺术家的创作。李英杰的《稻子和稗子》参展于四月影会后广获好评，他曾撰文提到自己的创作："在布局构图时，我吸取传统中国画理念，采用有疏有密，疏可走马、密不透风的宗旨。在稻技的布置时，则采用国画写兰花时惯用的'三笔破凤

---

① 龙憙祖编著：《中国近代摄影艺术美学文选》，中国民族摄影艺术出版社 2015 年版，第 254 页。

眼'招式,避免线条出现重复、单调感。"[①]

除了形式方面的因循,画意摄影在审美趣味和格调上也体现出对古典绘画传统的切慕。在历史发展中,根据画家的身份不同,中国古典绘画大体形成了院体画、民间画、文人画的三足格局。其中,对画意摄影影响最大的是文人画。"文人画指以传统文人或士人身份作为艺术创作主体所参与的绘画类型。"[②]在宋以降历代都产生了许多杰出的艺术家,如北宋苏轼、黄庭坚、米氏父子等人,元朝四家、明代吴门画派等。由于文人士大夫独特的文化修养和审美志趣,也形成了文人画高雅超逸的风格追求。北宋郭若虚在《图画见闻志》中云:"窃观自古奇迹,多是轩冕才贤,岩穴上士,依仁游艺,探颐钩深,高雅之情,一寄于画。人品既已高矣,气韵不得不高,气韵既已高矣,生动不得不至。所谓神之又神,而能精焉。"这里总结了由于艺术家阶层、气质而对其作品产生的风格影响。文人画的主要特点体现在寓意上对隐逸情怀的表达,也形成了形式上的独特性。苏辙《汝州龙兴寺修吴画殿记》提道:"先蜀之老有能评之者曰:'画格有四,曰能、妙、神、逸。'盖能不及妙,妙不及神,神不及逸。"文人画之推崇逸品,由此可见一斑。在画面上,逸就体现为重神不重形。倪云林《答张藻仲书》中说:"仆之所谓画者,不过逸笔草草,不求形似,聊以自娱。"又在题自画墨竹图中云"聊以写胸中逸气耳"。在画意摄影中,对逸笔、逸气的表现同样非常突出。

在陈复礼的《彷徨》中,线条极为简洁的枯树与鸟侧身在画面右幅,画面主体部分有大量空间是留白式的浩渺湖水,加上蒙蒙远山,画面简淡、格调清越。陈复礼由于作品中直追南派山水的意蕴

① 李英杰:《体验做人的哲理:摄影作品〈稻子与稗子〉拍摄前后》,http://liyingjie.siyuefeng.com/article/17。

② 冯健:《文人画笔墨情趣空间与现代转型》,《书画世界》2020年第11期。

而获得了“摄坛王维”的美誉。[1] 这种古典绘画美感的追求也在改革开放后大陆的画意摄影中得到体现。如因专门拍摄黄山而知名的汪芜生，他的作品在色调上继承了文人画的特点，以黑白灰三色为基调，通过对黄山的云雾和山峰的表现营造出非常有震撼性的仙山妙境。当代在商业上取得巨大成功的时尚摄影家孙郡也被冠以“新文人画摄影”的名头。尽管其作品最接近的并非文人画而是院体工笔画，但也足见文人画这种传统对于画意摄影的影响之巨大。

当然，绘画传统的巨大影响不一定是以后世艺术家模仿继承的方式体现，还可能表现为一种带有先锋性的戏仿、改写。正如德里达所主张的那样，每一个文本、每一种话语，都是能指的交织物。前代画意摄影以恭敬的态度模仿了古典，而在当代，这种模仿则采用了戏仿的方式。最明显的如姚璐的《中国景观》系列，作品乍看非常像古代青绿山水画。但是仔细看就会发现，山不是那山，石也不是原来的石。所有的素材都是建筑垃圾，大小的山峰是用瓦砾堆砌起来的，表面覆盖了绿色或者黑色的防尘布；而出现在画面上的人物也不再是高人、隐士，却是扛着工具的建筑工人。面对这样的作品，远望的假象给人一种超逸的古典式审美感受，但是近观看到的却是垃圾遍地的真相，一切审美体验如从云端跌落淤泥中。杨泳梁的《蜃市山水》也采用类似的策略，其作品画面乍看像是描绘了富有诗意的崇山峻岭，但仔细辨别就可发现，他是用林立的摩天大厦和建筑塔吊充当了层峦叠嶂，在看似超然的古典形式中呈现庸俗的当代生活画面。洪磊则拍摄了一系列戏仿古画经典的作品，如仿赵孟頫的《鹊华秋色图》。

---

① 张倩：《摄坛“王维”》，《光明日报》2006 年 5 月 12 日第 8 版。

图 5-6　[元] 赵孟頫《鹊华秋色图》

赵孟頫原作描绘了济南北部鹊山和华不注山的景色,画面取平远视角,华不注山尖尖如金字塔,颜色青翠秀逸,鹊山圆如馒头。二山分列,中间有野草、树木、房屋、人物、羊,技法纯熟、风格清隽。在洪磊的仿作中,青翠秀逸的华不注山被成堆的煤矸石代替。煤矸石是一种采煤过程中产生的废物,在许多采矿地区都有煤矸石堆积。煤矸石的含碳量比较低,长期堆积释放的硫化物对于土地和空气都是一种污染。而圆形的鹊山则变成一座工厂,中间树木被吐黑烟的烟囱取代,水面也不是清澈的天然河湖,而是开矿导致地面塌陷后出现的地下水。经此置换,仿作空有形似,原作的美感荡然无存。而在对一批花鸟题材经典古画的戏仿中,洪磊使用血淋淋的死鸟元素打破了画面美感的完整性。

如果说郎静山一代摄影家的创作是对古人的朝拜和致敬,他们的朝向是古代的,情调追求也还充满着那个时代虽经冲刷却尚未散去的古意;那么姚璐、洪磊一代艺术家在经过了整个 20 世纪的反传统洗礼之后,再次面对自己的民族传统,则以一种幽默戏谑的态度拿来一用,而他们指向的是当下的生存现实,是环境问题、碎片化的人生、审美的虚无。这些作品就成为对名士隐士气息的消解,对山水、自然的疏离,而不是皈依。借着模仿古典传统的假象,艺术家既完成了对现实的关切,又在一定程度上表达了反审美、反传统的艺术立场。

然而，无论是模仿致敬还是戏仿解构，只能证明一点，就是中国的画意摄影家生存于一个极为强大的艺术传统之下，这个传统始终会以某种身份出现在他们的创作中。

在最初一代摄影家那里，古典传统是他们在世界同行中寻得立足之地的策略。在世界摄影领域内，作为后起者的中国摄影家要跻身于此行列，必然采取民族的形式，从而显示出其艺术的独特性。郎静山是第一位进入国际摄影界的中国摄影家。根据统计，1931年到1948年，他的作品入选国际沙龙有三百多次，数量上千。[①] 而他入选的作品，多数都是集锦摄影作品，包含丰富的中国古典审美意蕴。因为古典而具有鲜明民族特色，因为民族性而可以自成一格、跻身世界各民族画意摄影之列，所以画意摄影在诞生之初向古典艺术传统寻灵感几乎是一个不二法门。

同时我们也注意到，这种对传统的推崇也常常包含一种民族主义的政治立场。早在新文化运动最热闹的时候，金城即已不无愤慨地指出："国画之有特殊之精神也，明矣……吾国数千年之艺术成绩斐然，世界钦佩，而无知小子，不知国粹之宜保存，宜发扬，反觍颜曰艺术革命，艺术叛徒，清夜自思得毋愧乎。"[②]在那个时代，文艺革新的话题往往会激起保存国粹的警觉，这是有原因的。20世纪前半期的中国常常被动地置身于与异族外敌的激烈冲突中，艺术也不能外于这种宏观语境而存在，因此艺术上的追求常常晕染着民族尊严的诉求。在民族危亡之际，维护民族性所系的古典文化就更成为一种求生的本能和自觉。按照朱寿仁的主张，要以摄影显明我们的民族个性，是与日本人的纤巧矫

① 郎静山摄，中国摄影出版社编：《摄影大师郎静山》，中国摄影出版社2003年版，第100页。

② 金城：《画学讲义》，《湖社月刊》1927年第1期。

作完全不同的。[①] 张印泉《四十年来从事摄影的回忆》中提到,他为了提高摄影的艺术性,刻苦学习国画,追求作品有中国画的风格。当然,出于同样的民族感情,古典韵味有时候又会沦为一种障碍受到批评。须提的《摄影在现阶段之任务》批评摄影界缺乏能够真实地反映现实生活的有力量的作品,“大多数的摄影家似乎都染了名士气,‘发思古之幽情’,感寂寞的可爱,于是‘古木苍松’‘夜渡无人’,遂变为他们所心爱的题材了”[②]。须提明确提出国防摄影的口号,主张摄影为民族自主解放出力。

因此,出于艺术发展的需要,出于民族身份的责任和义务,中国画意摄影对古典绘画传统的依赖或维护都是有其必然性的。

然而,问题是,在经历了一百年的发展之后,在中国不再面临拯救民族危亡的急迫任务时,中国的新一代艺术家仍然匍匐于古典传统之下,需要通过戏仿古典来建构新时代的画意摄影,这个问题就耐人寻味。传统之于他们,到底是一种出路,还是一个“奶嘴”、一根“拐棍”? 如果抛开古典传统,中国当代的画意摄影可以有些什么更具独特性和实验性的创新吗? 与此同时,对古典绘画传统的依赖也势必带来一个深刻的疑问,画意摄影,到底是绘画还是摄影?

二、绘画与摄影的纠缠

在画意摄影最初出现的时候,西方艺术家也面临这一诘问。西方画意摄影同样走过一个严重依赖绘画的阶段。在摄影术发明

---

① 龙憙祖编著:《中国近代摄影艺术美学文选》,中国民族摄影艺术出版社 2015 年版,第 229—230 页。

② 龙憙祖编著:《中国近代摄影艺术美学文选》,中国民族摄影艺术出版社 2015 年版,第 480 页。

十年后，摄影家开始突破早期相片的粗糙简陋，追求美感，摄影家甚至把美感而不是逼真作为摄影的主要追求。在维多利亚时代，卡梅隆夫人的成功就是一个非常典型的例子。卡梅隆夫人年近五十才接触摄影，没有经过任何摄影培训，对摄影的光学、化学技术并无造诣，她也不怎么关注技术的精进。她拍摄的作品看起来像是出于一种失误，没有对准焦点，从而形成了画面的模糊性。这些作品乍出现在公众视野中，曾经被当时负有盛名的摄影家路易斯·卡罗批评为是有技术缺陷的，一些知名摄影杂志也批评她的作品不够严谨。但是卡梅隆夫人坚持自己的美学风格。她非常善于抓取人物内在神韵表现最饱满的一刻，人物因保持着静止沉思的姿势而具有一种神圣性，头部常笼罩着漫射的光线，这使得她的作品具有轻微的柔焦效果，比较典型地体现出本雅明所说的"灵韵"效果。正如罗宾逊在《摄影的画意效果》中所倡导的那样，摄影本质上不是为了如实反映被摄对象，而是要建立与绘画艺术相一致的实践标准。

在一定程度上，可以说西方画意摄影遭遇趋同于绘画的困境是必然的，这是其美学传统所注定的。因为西方古典绘画的主要精神就是写实。由于从古希腊就奠定了模仿论的强大传统，又在实践中形成了焦点透视等原理，以及在绘画材料和技术上的不断革新，西方绘画始终维持着高度的写实性。摄影术诞生之后，一度把绘画逼入绝境。本雅明曾说："库尔贝的地位之所以如此特殊，乃是因为他是最后一位尝试超越摄影的画家。在他之后，画家寻求逃离摄影的阴影，而印象派便是首先发难者。"[①]摄影出现以后的西方绘画开始放弃具象再现，探索一种印象的、抽象的形象之可

① 瓦尔特·本雅明：《摄影小史》，许绮玲、林志明译，广西师范大学出版社 2017 年版，第 139 页。

图 5-7　卡梅隆夫人《侄女茱莉亚》(1867 年)

图 5-8　卡梅隆夫人《缪斯的低语》(1865 年)

能，形成了印象派、抽象表现派、立体几何派等新艺术流派。因此在摄影术发明以后，西方艺术界出现了一个非常吊诡的现象：先是绘画被摄影抢了饭碗，不得不另辟蹊径；而摄影却拼命跟绘画套近乎，不久又开始抱怨找不到自我，奋力逃离画意摄影的牢笼……

英国自然主义摄影家彼得·亨利·爱默森认为，跟着绘画跑充其量是个奴婢，不会成为主人。[①] 爱默森非常反对罗宾逊式的情景画意摄影，在他看来，罗宾逊的做法只是在把摄影转变为蹩脚的绘画，他相信自然本身就充满力量、充满惊喜，能够原原本本地记录自然的真实和真相，才会得到完美的摄影作品。爱默森曾长期生活在英国诺福克湖附近，拍摄了大量照片记录当地人的生活和劳作，他引领了一种朴素而单纯的自然主义摄影风格的兴起。对绘画的逃离也是西方现代摄影得以建立的一个重要途径，这一取向也得到施蒂格利茨的分离派摄影运动的响应。

而中国的古典绘画——尤其是被早期画意摄影所继承的文人画——是以写意为主的，与摄影作品的面貌大相径庭，原本不应该产生这种庄周梦蝶一般的身份困惑。然而有趣的是，以写实为本事的摄影放弃了自己的根基，去依赖写意传统的古典绘画，在当代商业摄影中甚至出现了人像绘摄的制作手法，即在拍摄后再对形象进行手工绘制和着色，从而为当代人营造出自己仿佛“画中人”的视觉美感。对摄影来说，唯绘画马首是瞻是一场机遇，还是自寻烦恼，或者灭顶之灾？

大约在20世纪三四十年代，卢施福就在《我的艺术摄影观》一文中提道：在我国的影坛里，很有些所谓老手，他们的作风只侧重于我国画意的题材，因为他们或者懂得与学过些国画，以为一树依

---

① 李文方：《世界摄影史》，黑龙江人民出版社2004年版，第51页。

稀三五鸦影,就是目空一切的作品,至于看他们的底片,十之八九皆露光不足。这样的作品在肤表上看来,好似幽远而秀丽,但在骨子里它不但绝无宏伟的气派,而是弱之又弱的少力摄作罢了。[①]可见当时人已经意识到,绘画对摄影有成就之功,也有牢笼之嫌。这一点在摄影评论中也可以略见一斑。从康有为为欧阳慧锵《摄影指南》做评论开始,摄影评论就取法于画论,人们习惯围绕着构图、色彩、线条言说摄影。然而不得不说,这些都是绘画语言,摄影自己的语言在哪里?正如摄影家自身反思的那样:美术家借用摄影,只是手段;而有些摄影家以追求绘画的效果为目的。他们在模仿别人的时候,也就失去了自己……[②]中国的一些摄影家也在竭力探索绘画语言之外的摄影语言,要抛却对一切绘画源文本、副文本的依赖,确立画意摄影自己的立足依据。

面对具有高度真实感的写实主义绘画时,人们往往惊叹:简直比拍得更逼真!但面对像工笔画一样的绘摄作品、像水墨画一样的集锦摄影,人们则可能会问:这跟绘画有什么区别?这种追问每每让艺术家有些心虚,似乎是自己在本行当里学艺不精,或者自己的行当存在某些先天的欠缺,才走出这种跨界路子。但如果艺术家钟情于画意摄影,则当以绘摄融合为本分,而不必纠结于像画。从根本上说,画意摄影是一种比较典型的跨媒介艺术。它早期的情景拍摄具有浓厚的戏剧特点,作为一种二维平面艺术,它对绘画的借重和依赖也是顺理成章的。因此,画意摄影的发展很难撇开绘画完全实现自我放飞。依赖绘画、逃离绘画,这是它发展的常规

① 龙憙祖编著:《中国近代摄影艺术美学文选》,中国民族摄影艺术出版社2015年版,第317页。

② 陈伯水:《摄影面临美术家的挑战》,转引自陈申、徐希景:《中国摄影艺术史》,生活·读书·新知三联书店2011年版,第685页。

生态。如同诗歌的意义游走于字面意义与引申意义两个端点之间，从而形成诗歌的富有张力的意义空间，画意摄影的魅力正在于它与绘画这种古老艺术时即、时离的张力性动态关系。

第三节 主体张力：自然的占有者或领受者

摄影家无疑是摄影活动的主体，具有不容置疑的主动性和决定性。但是如同其他具有悠久历史的传统文艺创作者一样，摄影家的具体身份怎样，他究竟是一个绝对主体还是被动的形象摄取者，其实是一个非常复杂的话题。

对比报道格瓦拉被枪杀的新闻图片和伦勃朗关于杜尔教授解剖课的绘画，场景和人物的布局、动态非常接近，但是，一个是摄影，一个是绘画。再写实的绘画仍然是画家的虚构，照片却是对客观存在的瞬间再现。绘画呈现了一个心像，摄影则呈现物像。这个物像也许经过了摄影家主观的过滤和投射，但它的素材却具有先天的优越性。从这个意义上说，柯林伍德所谓艺术可以是总体想象性经验的艺术观，对于音乐、文学来说是可然，对于绘画来说是或然，但对于摄影来说只能是不然，是完全不成立的。因为摄影的起点是摄取物性存在的瞬间。胡伯翔说："原绘画之事，意在笔先。以思致高远、超然物外为上乘。摄影之事见景生情。以应物写形、发挥自然为正则。予谓摄影与绘画作品虽略有相近之趣味，技能方面则完全不同，即此意也。"[①]因此与绘画不同，摄影应当成为一种客观艺术，也就是一种不宜过度强调摄影家主观性的艺术。

---

① 龙憙祖编著：《中国近代摄影艺术美学文选》，中国民族摄影艺术出版社 2015 年版，第 211 页。

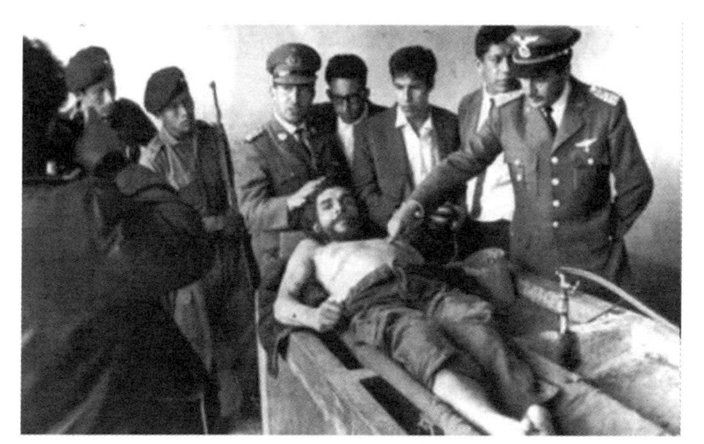

图 5-9　玻利维亚军官在巴耶格兰德镇医院洗衣房检查切·格瓦拉的尸体,1967 年 10 月 10 日,弗雷迪·阿尔伯塔摄

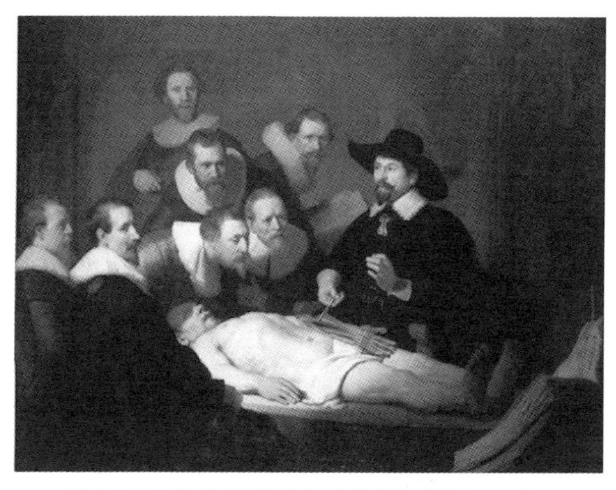

图 5-10　伦勃朗《杜普医生的解剖课》(1632 年)

但是,我们看到画意摄影把一种保存客观存在的艺术变成了黑格尔意义上的浪漫型艺术。从一开始,画意摄影就背离了摄影作为一种再现技术、旨在对存在物自身进行样貌保存和还原的功能。为着美感的缘故,画意摄影是从虚构起家的,许多早期的画意摄影家都在干着导演的活儿。例如雷兰德、罗宾逊、卡梅隆夫人，都曾使他们的拍摄对象进行过类似戏剧的化装、扮演。在以自然风貌为题材的画意摄影中，摄影家的主观虚构和重构就更突出。罗宾逊在《摄影的画意效果》中曾提出，自然是杂乱无章的，因此有必要通过合成影像对其进行重新组合，从而使真实的变成美的。①

中国画意摄影家中有许多摄影家也持这样的观念。陈万里的主张是从极不美的境界照成美的。郎静山在20世纪30年代的一篇《自序》文中写道："近来世界各国美术摄影钻研日精，能于刻板纪象作用外别求情趣，由机械的而化为艺术的，其进步洵足惊异。而所采构图理法亦多与吾国绘事相同，如凑合数种底片汇印于一张，若吾国画家之对景物随意取舍者然，而造成理想之新境地，其法一也。"②在这里，摄影由技术活动升格为艺术活动，关键在于情趣的追求，也就是一种主体心灵取向的裁决，由摄影家根据内心的理想对外在景观进行随意取舍，从而形成自己的桃花源、乌托邦。郎静山的作品并不是拍摄一时一地的景物，而可能是跨越很多年、在不同地区的取景。例如他在1990年完成的《百鹤图》，照片中有100只姿态各异的仙鹤，这些鹤的影像来自郎静山70多年的素材积累，而将这些形态各异的鹤通过复杂的暗房技术组合成为一张照片，就花了三年多的时间。可以说，集锦摄影照片上的每一山水、人物、花鸟都是自然界的客观存在，有实物的，但不在原来的时空中。万有只是被摄取了影像。同时，完整有机但有瑕疵的自然被摄影者分割为无数的碎片供随心所欲地使用，被剪辑拼贴为完全心灵化的第二自然，以服务文人画的情调和趣味需要。在这种

---

① 昆汀·巴耶克：《摄影术的诞生》，刘征译，中国摄影出版社2015年版，第107页。

② 龙憙祖编著：《中国近代摄影艺术美学文选》，中央民族摄影艺术出版社2015年版，第252页。

自由剪裁中，艺术家与自然的关系变得相当暧昧。按照摄影家所接受的文化传统，也许是热爱和钦慕自然的；但是按着自然的本相去看，自然在画意摄影中又被任意肢解了，是面目全非的。在作品画面上洋溢的是主观精神的绝对胜利！这种主观精神是什么？当代艺术家洪磊认为："从刘半农陈万里开始了一种范式，这个范式不是图式，乃是传统审美意趣的照相观看……风光摄影应该是画意摄影的必然延续，原因是爱风景。画意摄影却是对儒生审美的一种致敬，其也是追慕和传承儒生审美发自内心的追求，其终极意义是'隐逸'。"[①]归隐田园、寄情山水，如闲云野鹤，这是历代文人雅士阶层最热衷的休闲方式之一。当摄影来到中国，这种写在文化基因里的隐逸情怀就找到了一个新的书写工具。诚如桑塔格所说的："拍摄就是占有被拍摄的东西。"[②]摄影家通过镜头猎取和肢解了自然，又将这些自然的碎片经过一系列的遮挡、拼贴、组合、重印，就诞生了具有特定情调的故国家园影像。

于坚有一首诗写到作为实存之鸟的乌鸦和作为符号的乌鸦：

> 乌鸦　在往昔是一种鸟肉　一堆毛和肠子
> 现在　是叙述的愿望说的冲动……
> 它是一只快乐的　大嘴巴的乌鸦
> 在它的外面世界只是臆造
>
> （于坚《对一只乌鸦的命名》）

乌鸦本来是一堆毛和肠子的构造物。但人们却说，乌鸦是灵鸟，乌鸦叫预示着凶信、乌鸦反哺有孝心、乌鸦象征聪明……郎静

① 洪磊：《浮云拾影》，《上海文化》2018年第5期。

② 苏珊·桑塔格：《论摄影》，黄灿然译，上海译文出版社2008年版，第4页。

山的仙鹤正如此处的乌鸦，人们用语言或者暗房技术把一只鸟折来叠去、翻上覆下，其实一切都不关鸟事，只关乎人意！

但是，可以进一步追问：好的画意摄影是否一定出于摄影家强烈的主观精神和精妙的画面设计？其实不然！保持对自然物的敬畏未必没有好的摄影作品。因着被摄对象的客观性、先在性，镜头的取景也可以是一种谦卑的朝拜，而非桑塔格所谓带有侵略性的占有。摄影家冯君蓝说："我拍摄一个对象，我永远知道这个对象先于这个作品，已然在彼，我纯粹是个观察者，只是选了个角度，用某种特别的方式把我对它的感受呈现出来……我本身首先是个领受者。"①冯君蓝的人像摄影使用的是最简陋的设备和环境，摄影对象也不过是他熟悉的身边人，然而却呈现出了普通人之光。如他为一位歌手拍摄的名为《使女》的照片，画面层次简单，有一种朴素的写实之风气，却有同样动人的艺术魅力。不妨与同题材的一幅经典画意摄影作品《弥留》(*Fading Away*)相比来看。

《弥留》是英国摄影家罗宾逊 1858 年发表的杰作。在维多利亚时代，由于现代医学尚不发达，因病致死事件常发，人们对疾病与死亡的话题也非常关注，在生活的许多层次上形成了一种习俗性的悼念文化。《弥留》的创作可能源于摄影家对此类现象的回应。在情调上，《弥留》与英国著名诗人雪莱的作品《一朵萎谢的紫罗兰》("On a Faded Violet")非常相合，在这首只有 12 行的短诗中，雪莱先后用消逝、凋零等许多动词描绘紫罗兰香消玉殒的过程，并直抒自己的叹息、哭泣、怨尤之情，充满着哀怨伤感的情怀。罗宾逊则通过演员扮演和摆拍的形式完成了作品第一阶段的创作；然后，他用 5 张火棉胶湿版底片合成洗印制作了《弥留》。

---

① 李乃清：《冯君蓝：光照下的微尘》，《南方人物周刊》2016 年第 9 期。

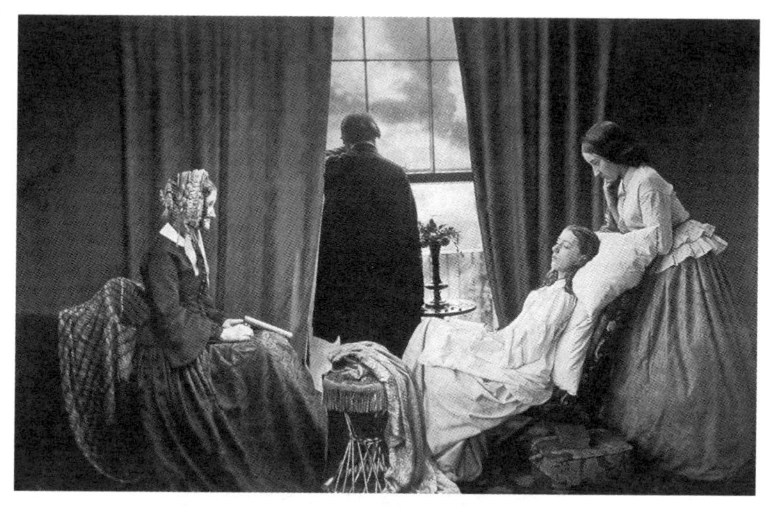

图 5-11　罗宾逊《弥留》(1858 年)

画面的主要部分被厚重的深色帘幕切割为两个层次，近景是一位半躺着的即将逝去的妙龄女子和围绕着她的悲伤的女人们，远景是窗前男子的背影和窗外愁云惨淡的天空，照片弥漫着凝重哀婉的情愫。

相比而言，冯君蓝《使女》的画面则极为简单、朴素。“使女”本人是一位患癌后冒死产女、久治不愈、真正进入生命弥留期的 33 岁女子，她在丈夫生日这天邀请冯君蓝为自己拍照，以作为留给夫女的礼物。她在拍摄的第二天陷入昏迷，很快离世。作品结构单纯，画面中只有一位相貌平平的坐着的女子，女子的手安静地收放在腿上。她的身份是使女，却没有在忙碌劳作，而像是劳作之后坐下来休息。身边桌子上有如豆的烛火，身后墙上有一个挂钟。烛火和钟表是最基本的生活用品，也可以隐喻生命与死亡。

就风格而言，假装弥留的女子令人心碎，真正弥留的女子静谧安详！前作是一首催泪挽歌，后作是一首庄严颂歌。

在这两例拍摄活动中，一位摄影家导演和设计了一切，一位摄

图 5-12　冯君蓝《使女》(2012 年)

影家则只是应邀拍摄;前者借助窗帘、乌云、背影、维多利亚时代特点的室内装饰和美丽衰弱的女子营造了极富主观情感色彩的美感画面;后者使用了最简陋的摄影材料,以最普通的常人、常物记录了一个平凡女性生命中的某个瞬间。这两幅作品,一幅是摄影家主观意图的体现,主体风格追求的实现,另一幅是被摄者意志主导的结果,摄影家甚至不是拍摄活动的发起人,而只是受邀帮助被摄者实现其意愿。他在摄影中只是进行客观的记录,作品的艺术感染力主要来源于被摄者自身散发的生命之光。这位在重大危机中选择生育、选择面对死亡、选择立此存照的勇敢女性用完整、无憾、快乐评价自己的人生,她在死亡面前活出的生命厚度成为作品最大的魅力!而在这幅作品被展出的时候,摄影家也多次向观众讲述被摄者本人的人生故事,甘为"使女"的代言人。在这样的创作中，本来应该居于主体地位、操纵整个拍摄过程的摄影家隐退了，他以成全使女为职分，无形中令自己退居为“使女”！

然而艺术家的谦卑并未使艺术失去荣耀与骄傲！正像康德所说的那样，一个在能够静观的情致和完全自由的批评力支配下的人，他的谦卑并非崇高的反面，而是走向崇高的一个步骤，“这恭谦是一崇高的情调，是自己有意地屈服于自我责备的痛苦之下，以便逐步逐步地消灭那原因”①。自然如同一个向导，引导摄影者在一种非常有意义的自我反省和批判中，主动把自己置于完善者、先在者的对比之下，走向真正的崇高。在《使女》的拍摄中，一种比艺术、匠心、风格、情调更高的力量借助“使女”这一已然在彼的主体呈现出来，而摄影者只是领受者、记录者。在罗宾逊大肆抒情的地方，冯君蓝止步静观！这是《使女》比《弥留》更意味深长的地方。

由上可知，主观臆造或有佳构，谦卑领受也可以拍出震撼之作！摄影者在被摄自然实存面前的身份和态度是多元的。

自从诞生以来，摄影术就存在一个技术和艺术的双重身份，摄影者身份的内在张力概源于此。站稳技术的本分位置，是谦卑地再现，还是以自我表现的高蹈精神使镜头中的万物为我所用、着我之色，这是摄影家自己决定的。但笔者以为，摄影与其他传统艺术不同，它起家于技术和工艺发明，如今无论怎样发展也没法离开器材与技术限定的疆域，因此画意摄影的发展最好不偏废某一端，而能在主观性与客观性之间形成一种富有张力的主体身份观。阮义忠曾经打过一个比喻：“摄影要摄取的是对象的影子，摄影家一方面也充当打光源的工作……不管打光的手法有多少种，但有一点

---

① 康德：《判断力批判》上卷，宗白华译，商务印书馆1996年版，第104页。

是绝对不能逾距的——那就是摄影家绝对不能用自己的身躯把光线完全挡住，不使它投射在对象上。换句话说，摄影是无法完全主观的，就如同它不能绝对客观一样。完全客观则谈不上是艺术，完全主观则谈不上是摄影。”[1]此话甚好！

① 阮义忠：《摄影美学七问》，中国摄影出版社 1999 年版，第 59—60 页。

后 记

这本小书的主要内容是在2018年暑假完成的。彼时蛰居山村故里，与九龄女及九十岁的老祖母同住。每天早上女儿和祖母起床前，我有两个小时专心写作的时间，这些文字主要是那时候攒出来的。2019年暑假和2020年寒假对书稿做了修改。由于2020年新冠肺炎疫情影响，许多文献注释的核对无法在图书馆进行，只能借助于PDF版本，或者购买二手书。戴着口罩、一手拿酒精喷壶、一手翻书查核文献的经历真是终生难忘！直到交付出版前，每次打开草稿都觉得需要继续修改。所以，对自己来说，这始终是未完成和极不完善的文字，不足与讹误怕是不少。

每去图书馆，也格外觉出自己的无知和渺小。四壁盈书，从架上随便抽一本，封面上就是一个振聋发聩的名字。然而，放在这浩瀚书海中，还算什么呢？自己也暗忖，我这样一个孤陋寡闻、才疏学浅的小女子，几篇饶舌絮语，并没什么真知灼见值得传之后世，自遣也就罢了，又何必付之梨枣？多废些纸张，倒白白坑了几棵树的命?!

然而，圣卷曰：太初有言！言之功是我从造物之主领受的恩惠，又怎能埋没不用？所以，虽无惊人言，仍言！又有《诗经·卫风·淇奥》篇云，古之君子素喜切磋琢磨。如此，则不妨以这些浅陋文字为砖，没准儿竟引出玉来，或者有方家肯赐切赐琢，岂不也是一桩益事、美事?! 是为后记!

2020 年 2 月 17 日作者于南京仙林

图书在版编目(CIP)数据

张力理论及文艺批评 / 艾秀梅著. —南京：南京大学出版社，2022.12

ISBN 978-7-305-26087-2

Ⅰ.①张… Ⅱ.①艾… Ⅲ.①张力—关系—文化评论—研究 Ⅳ.①TB12②I06

中国版本图书馆 CIP 数据核字(2022)第 174569 号

出 版 者 南京大学出版社
社　　址 南京市汉口路 22 号　　邮　编 210093
出 版 人 金鑫荣

书　　名 张力理论及文艺批评
著　　者 艾秀梅
责任编辑 曹思佳

照　　排 南京紫藤制版印务中心
印　　刷 南京玉河印刷厂
开　　本 635 mm×965 mm 1/16 印张 11.5 字数 148 千
版　　次 2022 年 12 月第 1 版 2022 年 12 月第 1 次印刷
ISBN 978-7-305-26087-2
定　　价 45.00 元

网　　址:http://www.njupco.com
官方微博:http://weibo.com/njupco
官方微信:njupress
销售咨询热线:(025)83594756
